地下水人工涵養の
標準ガイドライン

Standard Guidelines for Artificial Recharge of Ground Water

アメリカ土木学会=著
肥田登＋水谷宣明＋荒井正=訳

築地書館

Standard Guidelines for Artificial Recharge of Ground Water
by
Environmental and Water Resources Institute, American Society of Civil Engineers
Copyright © 2001 by the American Society of Civil Engineers
Japanese translation rights arranged with
American Society of Civil Engineers
though Modest Agency in Yokohama
Translated by Noboru Hida, Nobuaki Mizutani and Tadashi Arai
Published in Japan
by
Tukiji-shokan Publishing Co., Ltd.

訳者はしがき

　本書は、"Standard Guidelines for Artificial Recharge of Ground Water"（ASCE：American Society of Civil Engineers, 2001）の翻訳である。
　地下水人工涵養：Artificial Recharge of Ground Waterは、一般には地下水の強化（水位の上昇）と水の浄化を主目的として行われる。人の手により地下水をつくり出す方法といってよい。この方法は産業革命の当初からヨーロッパにおいて着手されるようになり、後に合衆国ほか世界の各国へと広がった。池または井戸を使う方法が普及するが、状況に応じて各種の工夫がなされる。いずれも持続可能な地下水資源の活用、地下水・湧水環境の保全に威力を発揮する（日本水文科学会誌、32-3、2002：地下水人工涵養の実施と展望）。
　地下水人工涵養の学術的な情報は、「地下水人工涵養に関する国際シンポジウム」を通して世界に発信されている。同シンポジウムは3年毎に開催され、第4回（2002年）のアデレードから、第5回（2005年）のベルリンでの開催へと続く。
　日本における地下水人工涵養の実情はどうか。現時点ではいまだなじみは薄い。とはいえ、これからは見過ごすわけにはいかないであろう。地下水人工涵養は、もともと、量・質ともに川の水が取得しにくいところで普及した。言い換えれば、日本においてはこれまで川の水が量・質ともに優れ、取得しやすかったために、あえて地下水人工涵養を導入するまでもないという背景があった。
　ところが最近、場所によっては地下水位が下がり、湧水が涸れる。川の水もかつてのように清冽とはいえない。陸地の水循環を持ち出すまでもなく、河道を流れる水の多くは地下水からなる。日本の国土の水を本気で考えようとするならば、地下水を度外視するわけにはいかない。
　地下水は質の点で優れる。数多くの扇状地のほか沖積地を広くもつ日本の国土は、広範囲において地下水をためこみやすく、取り出しやすい。つまり量の点でも優れる。地下水は小回りの利く水資源である。21世紀は水の世紀といわれるが、とりわけ日本においては「地下水の世紀」といってもよい。今後は地域の実情にあわせて、地下水人工涵養を導入することにより、国土の地下水の循環をより健全な状態に保つことができよう。
　その際、地下水人工涵養の実施基準（ガイドライン）が求められる。もとより人工涵養のガイドラインは、それぞれの国、地域の実情に即して具現化されるものである。本書は合衆国で作成されたガイドラインの一例である。ここに示されている内容のすべてが、日本の国土にそのまま当てはまるとは毛頭考えてはいない。しかし、こ

れから日本の各所において、地下水人工涵養を実施する際に、ひとつの参考事例として資するところは期待される。私たちが本書を訳出した趣意はここにある。

　翻訳にあたり、原文の表現に固執した。日本語として十分に練れていないところも残る。専門用語については、すでに出版されている各種の用語辞典などにあたった。しかし、専門分野は刻々と進歩し、応じて新しい用語が生まれる。これらの訳出については注意をはらってはいるが、適訳であったか、また、一部にはカタカナ表示をもってあてている。将来に向けて読者各位のご教導を賜りたい。

　築地書館株式会社社長の土井二郎氏は、本書の内容から現下の読者層は決して多いとは思われないにもかかわらず、私たちの趣意にご理解を示され、本書の出版をお引き受けくださった。あわせて同社の橋本ひとみ氏には編集の面からご支援をいただいた。ここに記して深謝申し上げる次第である。

2005年4月

肥田　登・水谷宣明・荒井　正

標準

1980年4月、ASCE（アメリカ土木学会）理事会は学会諸規定にかかわる標準作成小委員会に標準の起草と保持についての承認を下した。この種の標準のすべては、管理グループF（MGF）などからなる小委の一致した総意によって作成される。総意に基づく制作工程には、学会の会員・非会員を含みバランスよく構成された標準化委員会での投票、ASCE全会員による投票、および一般への公開投票の実施を含んでいる。作成された標準規格は、すべて、5年を超えない間隔で同様な手続きを経て見直され、更新・再確認される。

これまでに発行された標準（規格）は以下のとおり。

ANSI/ASCE 1-82 N-725：放射性物質の安全性にかかわる地盤構造の設計と解析のためのガイドライン

ANSI/ASCE 2-91：清水中の酸素運搬計測

ANSI/ASCE 3-91：複合スラブの構造設計に関する標準、およびANSI/ASCE 9-91：複合スラブの建設と検査に関する実務標準

ASCE 4-98：安全性にかかわる原子力構造物の地震解析

石造構造のための建築関係法規要件（ACI 530-99/ASCE 5-99/TMS 402-99）、および石造構造の仕様（ACI 530.1-99/ASCE 6-99/TMS 602-99）

ASCE 7-98：建築物および他の構造物のための最小設計荷重

ANSI/ASCE 8-90：冷間成形ステンレス鋼構造要素の設計標準仕様

ANSI/ASCE 9-91：ASCE 3-91参照

ASCE 10-97：鉄筋組格子構造の設計

SEI/ASCE 11-99：既設建造物の構造状態査定ガイドライン

ANSI/ASCE 12-91：都市地下排水設計のためのガイドライン

ASCE 13-93：都市地下排水設備施工のための標準ガイドライン

ASCE 14-93：都市地下排水設備の操作と維持管理のための標準ガイドライン

ASCE 15-98：標準挿入法（SIDD）を用いた埋設プレキャストコンクリート管の直接設計のための実務標準

ASCE 16-95：設計木造建築の負荷・抵抗率設計（LRFD）の標準

ASCE 17-96：空気で支える構造物

ASCE 18-96：工程内酸素運搬試験の標準ガイドライン

ASCE 19-96：建築用鋼索の構造的適用

ASCE 20-96：杭基礎の設計と施工のための標準ガイドライン

ASCE 21-96：自動人員輸送の標準—第一部

ASCE 21-98：自動人員輸送の標準—第二部

SEI/ASCE 23-97：笠状に開いた鋼製梁の仕様

SEI/ASCE 24-98：洪水防御設計と施工

ASCE 25-97：地震時に自動的にガスを遮断する装置
ASCE 26-97：埋設プレキャストコンクリートボックス断面の設計実務標準
ASCE 27-00：溝無し構造にジャッキを挿入するためのプレキャストコンクリート管の直接設計実務標準
ASCE 28-00：溝無し構造にジャッキを挿入するためのプレキャストコンクリートボックス断面の直接設計実務標準
EWRI/ASCE 33-01：国境を越えた国際水質管理の包括的合意事項

まえがき

　この『地下水人工涵養の標準ガイドライン』はASCE（アメリカ土木学会）の「地下水管理マニュアル」および「地下水利用施設の維持管理マニュアル」を補完するものである。これら3つの出版物は、いずれも灌漑排水部会内に置かれていた地下水技術委員会の成果をもとに再構成したものである。この標準はASCEの環境水資源部会の標準化検討審議会に含まれる地下水人工涵養委員会が作成した。

　本書に示す資料の収集整理は、すべて一般に認められている技術原理・基準に準拠した。本書の使用は、必ず地下水学・水理学の分野を含む地下水資源の開発と設計に従事する専門家の指導のもとで行われるものとする。本書の出版は、内容である情報が、一般的・特殊なものも含み、いかなる目的にも適し、また、パテントの侵害はしていないとする、ASCEや本書に言及するいずれかの個人による保証、あるいは代弁を意図したものではない。本書の情報を利用する者は、何人であれ、使用に伴う一切の責任を負うものである。

目次

訳者はしがき　3
まえがき　7

第1章　総論　　15

1.1　目的 …………………………………………………………　15
1.2　適用の範囲 ……………………………………………………　15
1.3　地下水と地下水管理の考え方 …………………………………　16
　　1.3.1　地下水の賦存状態　16
　　1.3.2　地下水の水質　17
1.4　地下水人工涵養の考え方 ………………………………………　18
　　1.4.1　基本用語　19
　　1.4.2　涵養の方法　19
　　　　1.4.2.1　地表浸透　19
　　　　1.4.2.2　井戸による涵養　20
　　　　1.4.2.3　その他の涵養方法　21
　　1.4.3　涵養水源　21
　　1.4.4　涵養した水の採取　23
　　1.4.5　水質上の問題　23
1.5　本報告の構成 …………………………………………………　24

第2章　計画　　25

2.1　事前の準備 ……………………………………………………　28
　　2.1.1　水需要量の決定　28
　　2.1.2　公共への配慮　28
　　　　2.1.2.1　地下水人工涵養の公共的合意　29
　　　　2.1.2.2　人工涵養の住民の理解　29
　　2.1.3　涵養目的の決定　30
2.2　データの収集 …………………………………………………　31
　　2.2.1　自然条件に関するデータ　32
　　2.2.2　自然条件以外のデータ　32

         2.2.3　データのまとめ　　33
　2.3　資源の評価　……………………………………………………　33
　　　2.3.1　使用できる水源の量と質の評価　　34
　　　　　　2.3.1.1　使用する水源のアクセス性　　35
　　　　　　2.3.1.2　水源の長期有効性　　35
　　　　　　2.3.1.3　法制および環境上の制約　　36
　　　　　　2.3.1.4　費用対水質　　36
　　　　　　2.3.1.5　水源としての下水処理水　　36
　　　2.3.2　地下水源の評価　　36
　　　　　　2.3.2.1　有効貯留量　　37
　　　　　　2.3.2.2　運用する地下水位の上下限　　38
　　　　　　2.3.2.3　水質　　38
　　　　　　2.3.2.4　水源としての水処理　　39
　　　2.3.3　可能涵養地点の目録　　39
　2.4　事前調査　………………………………………………………　40
　　　2.4.1　水理地質　　40
　　　2.4.2　地下水質　　43
　　　2.4.3　環境　　44
　　　2.4.4　予備モデル化　　44
　　　2.4.5　法律・規制・水利権　　44
　2.5　涵養方法と揚水施設　…………………………………………　45
　　　2.5.1　地表涵養　　45
　　　　　　2.5.1.1　土堰堤　　48
　　　　　　2.5.1.2　ゴム引布製起伏堰　　49
　　　　　　2.5.1.3　フラッシュボードダム　　51
　　　2.5.2　地下浸透　　51
　　　　　　2.5.2.1　涵養揚水併用井戸（ASR井戸）　　54
　　　　　　2.5.2.2　乾式井戸からの涵養　　55
　　　2.5.3　付帯施設　　56
　2.6　諸課題　…………………………………………………………　56
　2.7　概念設計　………………………………………………………　56
　　　2.7.1　地表浸透の概念　　57
　　　2.7.2　土壌帯水層処理過程（土壌浄化）　　58
　　　2.7.3　涵養井戸の概念　　59

2.7.4 処理下水を使う涵養の概念　61
2.7.5 サイト（場所）条件　66
    2.7.5.1 サイト（場所）周辺の条件　66
    2.7.5.2 地表・地下条件　66
2.7.6 法制上の要件　67
2.7.7 サイト（場所）概念設計　67
    2.7.7.1 計画案の検討　68
    2.7.7.2 公共への周知　68
    2.7.7.3 補足調査の選定案　69
    2.7.7.4 追加データ要求の決定　69
    2.7.7.5 概念計画報告　69

第3章　現地調査と現地における検証　70

3.1 地表探査 ……………………………………………………………… 71
3.2 地下探査 ……………………………………………………………… 71
3.3 水理パラメータ ……………………………………………………… 72
3.4 水質 …………………………………………………………………… 72
3.5 サイトと環境の価値 ………………………………………………… 72

第4章　設計　73

4.1 予備設計 ……………………………………………………………… 73
  4.1.1 地上施設の設計基準　73
  4.1.2 地下施設の設計基準　74
  4.1.3 計画案の定式化　77
  4.1.4 モデルによる検証　77
  4.1.5 予備事業による検証　81
  4.1.6 費用・水量・水質　82
  4.1.7 環境調査　82
  4.1.8 計画案の評価　82
    4.1.8.1 住民の参加　82
    4.1.8.2 経済的配慮　82
    4.1.8.3 評価・収集を要するデータ　83
    4.1.8.4 法律・規制・水利権　83
    4.1.8.5 最適案の選定　83

  4.1.9 報告　84
  4.1.10 公聴会　84
 4.2 最終設計 ……………………………………………………………… 84
  4.2.1 環境データの更新　85
  4.2.2 事業の寿命　85
  4.2.3 水源の有効性　85
  4.2.4 事業の運用と維持管理計画　85
  4.2.5 最終報告書の原案　85
  4.2.6 公聴会の実施手順　86
  4.2.7 反対意見の取り扱い　86
  4.2.8 最終報告　86
  4.2.9 定期的な見直しの計画　86

第5章　規制と水利権の問題　　　　　　　　　　　　　　　　　　87

 5.1 背景 …………………………………………………………………… 87
 5.2 水利権 ………………………………………………………………… 88
 5.3 法律上の問題 ………………………………………………………… 89
 5.4 慣例上の制約 ………………………………………………………… 89

第6章　環境上の問題　　　　　　　　　　　　　　　　　　　　　　90

 6.1 環境評価・報告・見直し …………………………………………… 90
 6.2 環境・社会的問題への取り組み …………………………………… 91
 6.3 環境に与える効力 …………………………………………………… 93

第7章　経済性　　　　　　　　　　　　　　　　　　　　　　　　　95

 7.1 費用 …………………………………………………………………… 95
  7.1.1 土地取得費用　96
  7.1.2 通用権取得費用　96
  7.1.3 設計費用　96
  7.1.4 技術的費用　97
  7.1.5 建設費用　97
  7.1.6 運用・維持費用　98
  7.1.7 臨時支出　98
  7.1.8 許可申請費用　98

   7.1.9　取り替え費用　　99

   7.1.10　閉鎖／撤去費用　　99

 7.2　財務分析 ……………………………………………………………… 99

第 8 章　建設　　101

 8.1　涵養井戸の掘削技術 ………………………………………………… 101

   8.1.1　ケーブルツール掘削法　　101

   8.1.2　泥水循環型ロータリー掘削法（従来型）　　102

   8.1.3　逆循環型ロータリー掘削法　　102

   8.1.4　エアロータリー掘削法　　102

 8.2　作業手順 ……………………………………………………………… 103

   8.2.1　搬入・組み立て　　103

   8.2.2　孔口ケーシングの設置　　103

   8.2.3　パイロット孔の掘削　　103

   8.2.4　検層　　104

   8.2.5　水質サンプリング　　104

   8.2.6　拡孔　　104

   8.2.7　ケーシングおよびスクリーン挿入　　104

   8.2.8　充填砂利　　105

   8.2.9　遮水　　105

   8.2.10　仕上げ　　105

   8.2.11　揚水試験　　106

   8.2.12　その他の活動　　106

   8.2.13　解体・搬出　　107

 8.3　建設の記録 …………………………………………………………… 107

第 9 章　立ち上げ　　109

 9.1　立ち上げ手順 ………………………………………………………… 109

 9.2　操作手順 ……………………………………………………………… 111

 9.3　井戸停止手順 ………………………………………………………… 111

第10章　運転・維持管理・閉鎖　　114

 10.1　はじめに ……………………………………………………………… 114

 10.2　運転員の訓練 ………………………………………………………… 114

10.3	記録の保持 …………………………………………………	115
10.4	操作上のデータの要求事項 ………………………………	116
	10.4.1　水位の測定　118	
	10.4.2　水質の測定　118	
10.5	施設の追跡操作 ……………………………………………	119
10.6	予防保全 ……………………………………………………	119
	10.6.1　地表涵養施設の維持　119	
	10.6.2　人工涵養井戸の維持　122	
	10.6.3　腐食の防止　123	
10.7	潜在する問題 ………………………………………………	124
	10.7.1　地表涵養施設の目詰まり　124	
	10.7.2　涵養井戸の目詰まり　126	
	10.7.2.1　懸濁物質　128	
	10.7.2.2　化学反応　128	
	10.7.2.3　拘束空気　129	
	10.7.3　乾式井戸の目詰まり　129	
	10.7.4　水深　130	
	10.7.5　地下水面　130	
	10.7.6　望ましくない土壌条件　130	
	10.7.7　悪臭と病原媒介生物　131	
	10.7.8　健康への影響　131	
	10.7.9　環境　133	
	10.7.10　地下水のマウンド（地下水堆）　133	
	10.7.11　堰堤や基礎からの漏水　134	
	10.7.12　ゴム引布製起伏堰・フラッシュボードダム　134	
	10.7.13　出砂　135	
	10.7.14　土壌—浄化の持続性　136	
	10.7.15　水破砕作用　136	
	10.7.16　その他の問題　137	
10.8	水質 …………………………………………………………	137
	10.8.1　前処理　139	
	10.8.2　化学的処理　140	
	10.8.3　沈殿　140	
	10.8.4　草／土壌フィルター　141	

　　　　10.8.5　土壌帯水層浄化　　141
　　　　10.8.6　湿地の形成　　142
　　　　10.8.7　涵養後の処理　　142
　10.9　現地管理 …………………………………………………………………… 142
　　　　10.9.1　目詰まり層の除去　　142
　　　　10.9.2　涵養井戸の再生　　142
　　　　10.9.3　乾式井戸の運用　　144
　　　　10.9.4　出砂の補正　　145
　　　　10.9.5　マウンディング（地下水堆形成）　　146
　　　　10.9.6　涵養期間と運用順序　　146
　10.10　施設の閉鎖または廃止 ………………………………………………… 146

付録

付録A　地下水に関する用語集 …………………………………………………… 156
付録B　単位と記号 ………………………………………………………………… 164
付録C　参考文献 …………………………………………………………………… 166
付録D　環境チェックリストの一覧表 …………………………………………… 182
付録E　単位の換算 ………………………………………………………………… 188

索引　　189

第1章 総論

1.1 目的

　このガイドラインは、絶対的な標準というよりは、地下水人工涵養について一連の標準的考え方を示すことを目的とした。本書では、この事業の開発・運用・維持管理に必要なステップをできるだけ多岐にわたって記述した。この種の事業は本来的に学際的なものになるので、参加する各分野の専門家にとっては、他の分野との調和・協力が必須であり、どのようにすれば適合できるかを理解しておくことが求められる。技術的内容について細部まで触れてないステップもあるが、付録Cに掲載した参考文献一覧表によって技術的情報を補足してほしい。

1.2 適用の範囲

　本書は、自然界ではありえない方法で地下水を涵養するシステム、あるいは自然界で営まれている涵養を促進するシステムの計画・設計・建設・維持・運用・閉鎖に必要な各ステップを網羅している。また、各ステップに適用される経済的・環境上・法的（水利権・法律・条例）考察と、必要となる現地調査や試験方法についても記述した。涵養は、地面に水を導いて浸透させる、もしくは井戸により帯水層に直接水を注入する方法によるものとした。この標準ガイドラインは、各種タイプの事業でのさまざまな状況を想定して開発されたものであるが、提案されている事業にふさわしい部分のみを選んで、基礎的または小規模な工事に適用することも可能である。

1.3　地下水と地下水管理の考え方

　地下水は重要な水資源であり、地下水の人工涵養は水資源を管理していく上で欠くことのできない方策である。地球上の水の0.6％が地下水である。これは0.009％を占める湖沼・河川水の67倍である（Bouwer, 1978およびその参考文献）。その他、氷河および氷床が2％、海洋の塩水は97％を占める。合衆国では、ほぼ半数の住民が地下水を生活用水として利用している。公共水道の4分の3は地下水を水源とし、井戸をもつ4000万の田園・郊外居住者は、その生活用水のすべてを地下水に依存している。地下水は、また、農業・工業用水の重要な供給源でもある。

　このように地下水は広く利用されているが、消費者の多くは、地下水がどこに発生し、どのように取水・処理・配水され、どのような段階を経て飲用水としての安全性および持続性を確保しているかについては、あいまいな概念しかもっていない。つい最近にいたるまで、人々の帯水層に関する認識は、「地下にある河川か湖のような水源」であって、そこからはおよそ無制限に、安全な水が取水できるもの、と信じられていた。しかしながら、燃料タンク・廃棄物処分場・危険物取扱・処理施設などからの漏洩による地下水汚染や、無数の公害源が公表されるようになると、こうした理解は大きく変化した。同様に、地下水面の低下、その結果としての水不足が頻繁に報じられるようになると、人々は、今や、地下水の供給には限りがあり、国中のどこの帯水層においても自然の涵養能力だけでは需要を持続的に満たすことができないという、健全な認識をもつようになった。

1.3.1　地下水の賦存状態

　地下水は地下空間を占める水の一部で、大気圧以上の圧を受けている場合が多く、井戸や間隙（孔）があるとバランスをとろうとして流入する。地下水を含み、井戸の掘削で使用可能な量の取水ができるほどの浸透性をもつ地層を帯水層という。帯水層は、さらに不圧層と被圧層に区分される。不圧帯水層の水の上面は自由水面、または地下水面といい、帯水層からの揚水・涵養によって自由に上下する。被圧帯水層は"不透水"層、もしくは、難透水層（aquiclude）にサンドイッチ状に挟まれている。これらの層に微弱な透水性がある時は、半透水層（aquitard）という。

　不圧帯水層は、地表から深部への降下浸透によって涵養される。被圧帯水層は、その部分で不圧帯水層となっている地層の露出部、または漏水性被圧帯水層、すなわち半透水層を介して涵養される。不圧帯水層の長期の自然涵養率は、北西ヨーロッパ、合衆国およびカナダの東部などの湿潤寒冷気候域で平均降水量の50％程度となっている。この値は、比較的平坦な都市化が進んでいない地方の、表面流出がないか、あっ

てもごくわずかな透水性のよい土壌をもつ地域のものである。地中海性気候区における涵養量は長期間降水量の10～20％級以上、乾燥・温暖気候区（降水量が200mm／年を下回るような）では、降水量の1％以下である。実際、乾燥気候区における涵養の大部分は、地下水面が河床下に入るごく短期間に行われるものと思われる。

　不圧帯水層では、井戸からの揚水によって（井戸周辺の）地下水面が低下し、岩石の間隙からの排出によって水を得る。間隙水の抜けたあとは空気で置き換えられる。井戸が被圧帯水層に及んでいる場合、揚水はつぎの3つの方法で行われる。(1)帯水層の不圧・水平領域からの貯留水の引き抜き、(2)間隙水圧の低下による帯水層中の粘土層または粘土レンズの圧密、(3)圧力開放による水の膨張。(2)のプロセスは、本質的に不可逆的なので、一度しか生じない。このように取水メカニズムが異なっているので、不圧帯水層における単位水位低下量当たりの取水量は、被圧帯水層での単位ポテンシャル低下量当たりの取水量よりも格段に大きい（Bouwer, 1978）。同じ理由で、不圧帯水層における単位水位上昇量当たりの水の貯留量は、被圧帯水層の単位ポテンシャル上昇量当たりのそれよりもはるかに大きいといえよう。このことは、帯水層の涵養にとって非常に重要である。

1.3.2　地下水の水質

　地下水の年代、すなわち水の地下での滞留時間は、地層中での鉱物との接触時間の長さを示すものであるから、その意味で地下水質に影響を及ぼす。滞留時間とは、水が土壌中に浸透し井戸あるいは他の方法により再び地表に出現するまでの時間をいう。地下水の取り得る年代は、雨期の湧水地では数日かそれ以下の長さ、多雨地域の浅層地下水は数カ月から数年、湿潤地域の深層地下水は数十年から数世紀、乾燥気候下で深部に閉じ込められた"化石"地下水は数千年から数万年単位となる。オーストラリアの大さん井盆地（Great Artesian Basin）の地下水の起源は数百万年前に遡る。

　良質の雨水は通常、全溶存物質（TDS）が1～50mg/ℓ、平均で10mg/ℓ程度である（Bouwer, 1978およびその参考文献）。大気汚染の発生地域での土壌に浸透する降水のTDS範囲は3～300mg/ℓになると推測され、平均すると50mg/ℓになる。酸性雨のpHは4～5程度であろう。雨が降る、あるいは雪が解けると、水は土壌に浸透し不飽和帯・帯水層を降下し、この間、地層中の物質との反応／風化鉱物成分の溶解を経てTDSを増加させる。植物の腐食物や他の生物学的反応が、さらに窒素、フミン・フルボ酸（TOC）など、他の物質を加える。フミン・フルボ酸はトリハロメタン（THM）の先駆物質で、塩素処理時に望ましくないDBP（殺菌副生成物）類を発生させる可能性がある。通常、汚染されていない地下水・初生地下水などであっても、0.2～0.7mg/ℓの有機炭素を含んでいる（Thurman, 1979）。かなりの深層にあっても生育可能な微生物をも含んでいる。したがって、初生地下水は処理なしで飲用に適す

るとはいえ"純粋（不純物を全く含んでいない）"とはいえないのである（Bouwer, 1978）。

　生活用水源に水生腸内細菌（バクテリア・ウィルス・原虫類）が存在することは、十分な処理が困難な地域にとっては、水生微生物起源の病気をもたらす潜在的脅威である。広範な水生微生物起源の病気の発生（流行）は、処理が十分でない開発途上国にしばしば見られる。合衆国で水生微生物起源の病気のほとんどが地下水に関連して発生したのは、表流水を飲用水に使用する場合は塩素処理や殺菌が十分に行われているのに、地下水は処理をせずに利用されているからである。

　多数の人が同時に罹病する広範な病気の発生もさることながら、生活用水源の不十分な処理に起因する水生微生物起源の病気の問題は、低レベルの風土病の発生が煩雑に見られることである。

1.4　地下水人工涵養の考え方

　地下水は、通常、水が潤沢にある時にはこれを地下に貯留し、水不足の時には需要に応えて貯留水を放出する方式で管理され、資源の長寿化と水質の維持がはかられている。有限資源として、地下水が消費されている場合もある。この問題については「Ground Water Manegement（ASCE, 1987）」に詳しい記述がある。水需要の増大は、当局に、将来に備えさまざまな水資源管理のシナリオに注目することを促している。これらのシナリオには地下水の管理と連結使用、つまり地表水と地下水の調和的管理が含まれている。今日、ダムの適地はほとんどなく、また新規ダムの建設に対しては、とくに長期にわたる水資源の貯留が環境やその他に及ぼす理由から、反対が増加している。人工涵養による地下水の貯留は、それが可能であれば、効果的で環境に優しい水貯留の解決策となるであろう。帯水層は、涵養水を貯留・運搬・配分するものとして三様に使用することができる。ローカルな給水システムとして水の使用場所近くに井戸を掘った場合は、涵養地点から水の使用場所まで水は帯水層中を流れるので、大規模な地上給水・配水システムは不要となる。地表・地下法による地下水涵養は汚染水の水流位置とその動きを変えることにも利用できる。地下水涵養の主要および副次的な目的は2.1.3にリストアップする。

　地下水の人工涵養は、降水量（降雨・降雪）に左右されやすい自然涵養の脆弱さを補うことができ、とくに降水量が少なく、わずかな降雨の減少が地下水涵養を大幅に減少させてしまう地域において有効である。

1.4.1 基本用語

涵養：降水・河川・地上のくぼ地・その他の水源からの水を下降浸透させる、または、井戸や横坑道その他の手法により帯水層中に直接水を導く方法で地下水を補給すること。自然涵養と人工涵養に区分することもできる。

自然涵養：人為的な関与・促進なしに自然に営まれる涵養。

人工涵養：涵養の自然パターンを人為的に増強させた結果の涵養。

涵養誘発：河川の近傍の帯水層からポンプアップまたは他の方法で地下水を取水し、地下水位を低下させることによりこれらの河川からの涵養を増加させること。

付随涵養：地下水涵養を目的としていない施設（灌漑や汚水槽など）を原因として、あるいは涵養以外の目的で植生を変化させた時に生ずる。

地表浸透：土壌への浸透、深部への降下浸透を促すための拡水もしくは貯水システム。不圧地下水の涵養にのみ用いる。

地表涵養：このシステムは被圧地下水の露頭部、もしくは被圧帯水層が不圧帯水層に変わる地点で用い、被圧帯水層の涵養を行う。

井戸涵養：このシステムは帯水層への貯留水の導入や、汚染地下水の移動・塩水浸入域の抑制に用いられる。井戸への水は重力または静水圧によってもたらされる。

涵養揚水併用井戸（ASR）：季節的使用、長期的使用、あるいは非常時使用を視野に入れて掘られる涵養と揚水を兼ねた井戸。

土壌帯水層浄化（SAT）：地下水質に影響を及ぼす涵養水中の汚染物質の変質・除去を土壌能力に頼るシステム。

この標準ガイドラインで用いる地下水用語は、付録Aの用語一覧に掲げる。略語と記号は、文中に使用されたうち最初の箇所で説明し、付録Bの単位・記号にリストアップした。付録Cの参考文献には、この標準ガイドラインで参照した文献と、ASTM D653など、地下水に関するその他の調査資料を収録した。

1.4.2 涵養の方法

1.4.2.1 地表浸透（Surface infiltration）

地表浸透システムには、河道内施設（in-channel facilites）と河道外施設（off-channel facilites）がある。河道内施設は河床や氾濫原に設けるダム・堰・T−堤防・フィンガー堤その他の構造物のことをいい、これらは貯水や拡水により川原の接水面積をできるだけ広くし、浸透水量を増やそうとするものである。下流で実施される地下水涵養を強化するために流域の上部に設置する滞留ダムも、地下水涵養計画の一部とみなすことができよう。接水域には施設の底面と側壁の両方が含まれる。河道外施設は、池・池盆・特定の目的で掘削した水路を含む。こうした水路には小段を土盛り

したものや、古い砂利採取溝・土取り場などの掘削溝跡を利用したものもある。河道内施設では、時に非常に緩慢であるが、土壌上の水は絶え間なく動いている。他方、河道外システムでの水は土壌上にとどまり、本質的に横方向の速度はゼロである。このことは、接水域の境界辺に、浸透を阻む微細な土壌粒子やその他の固体粒子を集積させる効果をもつ。地表浸透システムには、透水性の表層物質（礫・砂・ローム質土）が必要である。不飽和域にも透水性が求められ、地層による下方流の制約や、望ましくない化学物質が地下水中へ浸出するおそれがあってはならない。帯水層は不圧帯水層であること、帯水層上部に良質な地下水があることが望ましい。さらに、地表浸透システムに適した十分な広さの土地を、適正な価格で確保できることが必要である。

1.4.2.2　井戸による涵養

　表面涵養に必要な条件を満たすことができない場合は、井戸により帯水層へ直接水を送り込む井戸涵養が可能である。涵養率を上げ、目詰まりを抑制するため、スクリーンを長く、井戸口径を大きくするようになるが、涵養井戸は、通常、取水井と同様な構造をもつ（スクリーン・充填砂利・グラウチングなど）。井戸涵養に用いる水はつぎのような処理を必要とする。(1)懸濁物質・混入空気を除く。必要に応じ溶存ガスを除く（脱気）、(2)水質が悪い場合は、窒素や生物分解物質を取り除く、(3)帯水層や、スクリーン周辺・井戸開口部のろ過材の物理的・生物学的目詰まりを防止するために殺菌その他の微生物不活性化処置を行い、帯水層への病原菌の侵入を防ぐ。また、井戸注入に先立ち、毒物や生物非分解性有機化学物質など、望ましくない物質を除去しなければならない場合もある。帯水層の透水性を制約すると思われるコロイドの沈殿や形成を避けるため、涵養水の水質は地下水の水質と折り合いのとれるものでなければならない。表面から帯水層内への移動によるpHおよび酸化還元電位（レドックスポテンシャル：Eh）の変化もまた、透水性に影響を及ぼす化学反応の促進源のひとつであると思われる。それでもなお、目詰まりの影響を軽減し十分な涵養率を保持するため、井戸には、定期的な揚水、そして多くの場合、再仕上げ・改修が必要になる。井戸そのものが高額であり、涵養水の事前処理やメンテナンスの必要性から、井戸による地下水涵養は、よほど地代が高いか土壌条件がよくない地域を除いて、通常、地表浸透による地下水涵養よりも高価なものとなる。涵養揚水併用井戸は、地下水の涵養と貯留、揚水の多目的井戸である。このタイプの井戸は、適時に帯水層で水を貯留し、その水をピーク時や緊急時の使用にあて、あるいは長期・短期の飲用水の貯留槽としての利用も可能にさせる。下水処理水や良質な表面水の貯留も、地域によっては実用化が可能であろう。涵養揚水併用井戸は設計上、涵養水の揚水に使用するポンプを含む。このポンプはまた、定期的に短期間井戸を汲み干し、集積した土壌を除去する際にも使用する。井戸に貯留した生活用水を汲み出して使用する場合は、通

● 運転中
○ 計画中

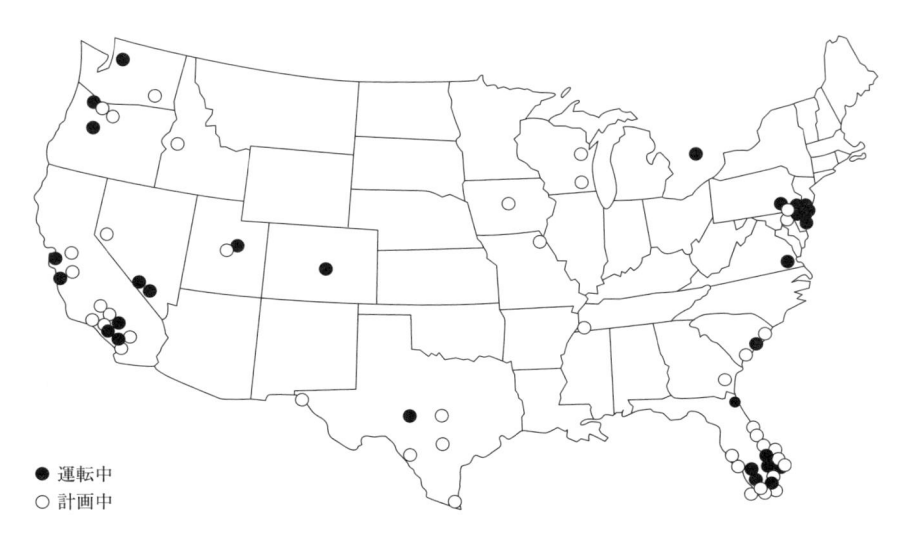

図1.1　ASR事業（1998年6月）

常、飲料用の殺菌以外の事前処理を必要としない。
　涵養揚水併用井戸は大容量の水をため、ピーク時の水需要に対応する経済的な手法である。**図1.1**および**表1.1**（Pyne, 1995、著者による更新1998）は、1998年における合衆国内の涵養・涵養揚水併用井戸の施設状態を示している。

1.4.2.3　その他の涵養方法

　地下水涵養は、トレンチ・ピット・坑道・縦坑・乾式井戸（吸込み升）、その他不飽和帯に掘削する同様なシステムにより行われることもある。地下水面が高ければ、これらの施設を掘り下げ、帯水層の飽和部分まで到達させることができよう。技術的には、地表浸透と井戸注入法の中間をいく。最大の欠点は、システムの洗浄（目詰まり層の除去）が難しく、浸透率を満足のいく期間保持できないことである。
　貯留地下水を増やす方策は、代替涵養である。この方法では、地下水の使用権利保持者が揚水した場合の有効水量に等しい量の地下水を、帯水層中に貯留したまま保持する権利と交換に、その地下水使用権利保持者に地表において相当量の水を代替供給する。

1.4.3　涵養水源

　地下水のおおもとは大気からの降水で、土壌を浸透し不飽和帯を流下して地下水面

表1.1　合衆国における稼動中のASR施設（1998年6月）

場所		開始年	貯留層	揚水能力：千㎥/日
Wildwood	ニュージャージー州	1968	砂	50
Gordons Corner	ニュージャージー州	1971	粘土質砂	9
Goleta	カリフォルニア州	1978	シルト質・粘土質砂	23
Manatee	フロリダ州	1983	石灰岩	15
Peace River	フロリダ州	1985	石灰岩	16
Cocoa	フロリダ州	1987	石灰岩	30
Las Vegas	ネバダ州	1988	砂岩	385
Palm Bay	フロリダ州	1989	石灰岩	4
Oxnard	カリフォルニア州	1989	砂	33
Chesapeake	ヴァージニア州	1990	砂	11
N. Las Vegas	ネバダ州	1991	砂岩	6
Seattle	ワシントン州	1992	氷河性堆積物	26
Calleguas	カリフォルニア州	1992	砂	9
Pasadena	カリフォルニア州	1992	砂	19
Camarillo	カリフォルニア州	1992	砂	−
Englishtown	ニュージャージー州	1992	砂	4
Salt Lake Co.	ユタ州	1993	砂	−
Centennial Water & Sanitation District	コロラド州	1993	砂岩	3
Boynton Beach	フロリダ州	1993	粘土質砂	5
Murray Avenue	ニュージャージー州	1993	石灰岩	6
Swimming River	ニュージャージー州	1994	粘土質砂	4
Foothills MWD	カリフォルニア州	1994	砂	−
Mount Pleasant	サウスカロライナ州	1995	石灰岩	8
Brick Township	ニュージャージー州	1996	粘土質砂	−
UGRA	テキサス州	1996	砂岩	4
Kerrville	テキサス州	1996	砂岩	4
Salem	オレゴン州	1996	玄武岩	−

に達する。土壌に直接浸透した降水の一部は蒸発で失われ、植物根に吸引され、その残りが地下水として貯留される。土壌に直接入らず河川やその支流に流れ込む降水は、河床から地下水を涵養する。人工涵養のための水源は、処理した地表水・余剰地表水（河川水・水路の水など）・別の帯水層から汲み上げられた地下水などの飲用に供することのできる水に加え、下水処理施設からの排出水・汚染表流水・洪水流出・灌漑の戻り水・その他地下水質に悪影響を及ぼすおそれのある汚染物質を含む水といった、飲用に不適な水も含む。涵養工程のタイプ、水の物理・化学・生物学的特徴に応じ、涵養水源の水質処理を適切に行い、用途に適した地下水の揚水ができるようにしなければならない。処理工程は、土壌プロファイルや処理媒体としての帯水層の使用から複雑な物理的・化学的処理にいたるまで広範に及ぶ。

1.4.4　涵養した水の採取

　人工的に涵養した地下水の揚水は井戸によって行う。井戸は垂直でも水平でもよく、その掘削も人力、機械装置のいずれによってもよい。水平井戸は、浸透横坑道の形をとり、河川水を採り込むために河川の底、もしくは近傍に設置する。また、涵養施設から地下水の流動が低下していく方向に対しておおむね直角になるように設置してもよい。

　時に被圧帯水層に達する水井戸が掘削されることがある。それは、被圧帯水層が地下水流を地表面に向わせるのに十分な圧力（アーテジアン・フロー）を備えている場合である。ただし、こうした井戸および不圧帯水層に掘られた井戸では、通常、地下水を使用場所や地上貯水槽まで導くのにポンプが必要となる。

1.4.5　水質上の問題

　地下の地層は自然の物理的・生物学的・化学的"フィルター"である。低品質の涵養水が地層中を移動する間に、含まれている汚染物質は除去される。このことはとくに不飽和帯中において顕著である。土壌と帯水層を処理施設として用いて涵養・揚水を行うシステムや涵養事業では、しばしば水質改善が主目的となっている。土壌帯水層浄化では、システムを各種負荷のもとで長期間使用したデータがいまだ不十分であるため、汚染物質の堆積に対してとくに注意が必要である。こうした水質についての問題は、システムが稼動してからの発覚を待つのではなく、計画の段階で明確に取り組むべきである。監督官庁が処理水やその他低品質の水の扱いについて、涵養水としての利用許可制度をとり、事前処理条件を設定している事例もある。生活下水処理施設からの排水は、十分な事前処理なくして、地下水の涵養に用いることはできない。飲用水としての利用を考えるならば、帯水層への涵養前、または帯水層からの揚水後、あるいは、その両方でさらに処理が必要である。粗粒被圧帯水層物質を通しての涵養による水質の改善は、あまり期待できない。低水質の水を井戸涵養に用いれば、涵養前に基準レベルへ改善するよう管轄官庁から前処理の要請があろう。涵養前の適切な水質処理は、涵養池、とりわけ、涵養井戸周辺の帯水層の目詰まりを軽減するためにも必要である。

　汚水槽からの浸出がある地区の地下水は、一般的に、高濃度のTDS・亜硝酸塩・硝酸塩・塩化物・バクテリア・ウィルスを含んでいる（Bouwer, 1978およびその参考文献）。灌漑地域の地下水には通常、高濃度のTDS・硝酸塩・残留農薬が含まれ（Bouwer, 1990a）、土壌や不飽和帯から浸出した微量物質（セレン・ホウ素・ヒ素・モリブデン・カドミウム・水銀・その他）が地下水に浸出している地域もある。水の供給には公衆衛生へのリスクを伴うものであるから、涵養水の処理の系列化、およ

び、涵養と採取時の水質モニタリングが非常に重要である。

　水中の物質の検知能力が高まるにつれ、また水起源物質の影響の理解が深まるにつれ、公衆衛生を守るための条例は変化する。しかしながら、基準の法制化は水質の解明に遅れるのが常であるから、将来を見据えた予想標準（確認可能な範囲で）の作成に、まず取り組むことが必要である。

1.5　本報告の構成

　この標準ガイドラインの章の構成は、事業全体の進め方の順序（2章）どおりにはなっていない。たとえば、経済性などのテーマについては、全工程中繰り返し考慮する必要があるので、独立した章を設けた。各章の記述内容と事業の工程段階との関係は、2章の「計画」に述べる。本書は、以下の10章と5つの付録からなる。

　　1．総論
　　2．計画
　　3．現地調査と現地における検証
　　4．設計
　　5．規制と水利権の問題
　　6．環境上の問題
　　7．経済性
　　8．建設
　　9．立ち上げ
　10．運転・維持管理・閉鎖
　付録　A．地下水に関する用語集
　　　　B．単位と記号
　　　　C．参考文献
　　　　D．環境チェックリストの一覧表
　　　　E．単位の換算

第2章 計画

　人工涵養事業とその方法を、論理的手順にしたがって選定・評価すれば、実行の際の成功の確率を最大限に拡大することができる。そして、その手順は、成功している涵養現場での実績と経験、また満足な成功を収めるにはいたっていないその他の事例についての知識に基づくものである。いずれの涵養事業もそれぞれ特異かつ各現場に固有な課題をもち、それがその事業の性質と活動の方向性を決めているものであるが、それでも異なる事業に共通な活動を見出すことができ、そうしたものに基づき、望ましい計画工程はどうあるべきか考察することができる。計画工程は反復性が強く、まず、利用可能な資源の全般的なデータに基づき、コンセプトを作り上げることから始め、研究レベル・データの質と量を、結果が前向きで致命的な欠陥に遭遇しない限り、繰り返しあげていく。

　それぞれの段階で、専門的・非専門的リスクの度合いに応じた努力と経済投資が投入されるような段階的アプローチをとることが望ましい。本書は、さまざまな事業における多様な状況に対応している。部分的詳説については、基礎的・小規模事業の計画者に対しても、まず方法や課題について十分な知識を与え、その後に本書のどの部分が自らの事業に適用するものであるか、容易に選択できる程度の量にとどめた。

　通常ひとつの事業を稼動させるまでには、つぎに示す6段階の工程が必要である。

第Ⅰ段階—準備活動
　・データの収集・組織づくり・資源の評価・代替地の検討・予備調査
　・概念計画・環境影響評価および住民説明

第Ⅱ段階—現地調査および試験

第Ⅲ段階—計画
　・予備設計・住民説明・技術調査書の作成・環境調査書の作成
　・最終計画・最終報告書原稿・公聴会・コメントへの回答および最終報告書

第Ⅳ段階—建設・立ち上げ

第Ⅴ段階—運転・維持・事業評価および事業の意義づけ

第Ⅵ段階—閉鎖

段階	事 業 項 目

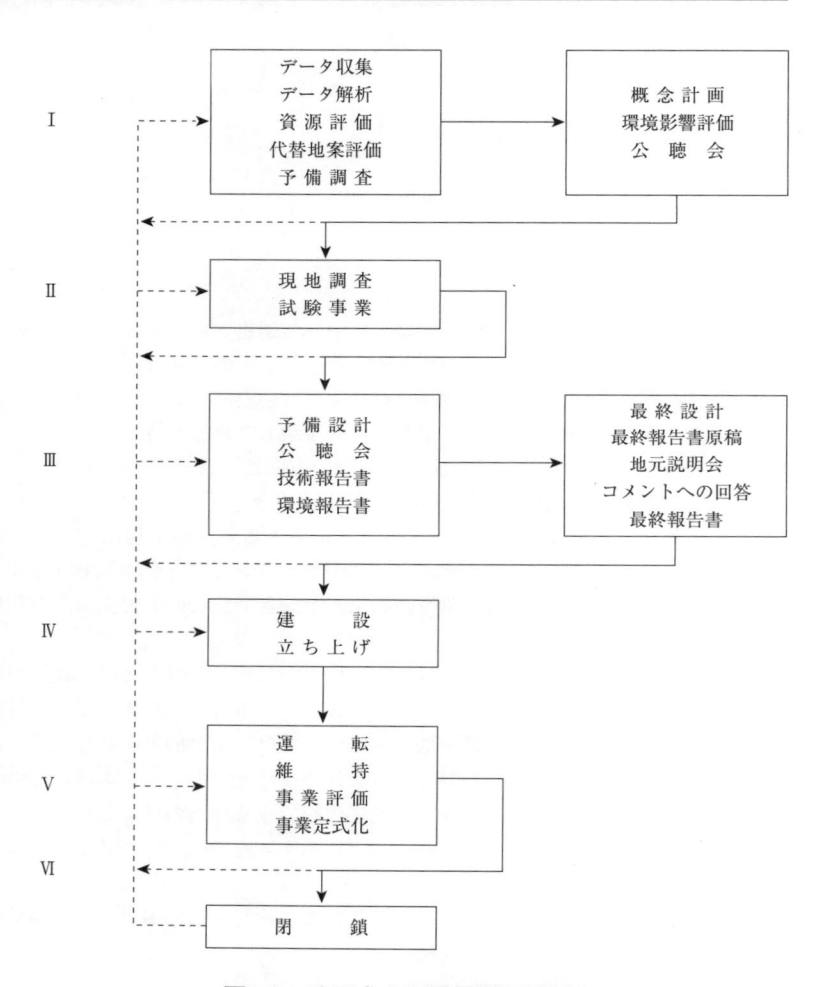

Ⅰ　データ収集／データ解析／資源評価／代替地案評価／予備調査　→　概念計画／環境影響評価／公聴会

Ⅱ　現地調査／試験事業

Ⅲ　予備設計／公聴会／技術報告書／環境報告書　→　最終設計／最終報告書原稿／地元説明会／コメントへの回答／最終報告書

Ⅳ　建設／立ち上げ

Ⅴ　運転／維持／事業評価／事業定式化

Ⅵ　閉鎖

図2.1　地下水人工涵養計画の流れ

全段階に共通なテーマの内容はそれぞれ単独の章を設けて配列したので、章構成は上記Ⅰ～Ⅵの段階の流れにはしたがっていない。どの手順にあっても、5章の「規制と水利権の問題」、6章の「環境上の問題」、7章の「経済性」などについて適切な考慮を怠ると、事業全体が初期のうちに失敗するおそれがある。8章の「建設」に9章の「立ち上げ」が続くが、これらの密接な関係にもかかわらず章を分けたのは、立ち上げは、時に事業が長期間放置されたあと実行されることがあるからである。調査と工事の流れは**図2.1**に示すとおりである。

　上記の全ステップを経ずに完了した工事は、実施したステップを適宜再点検する必要があることを示唆している。リスクレベルがふつう以上に高いか、あるいは事業が輻輳している場合などは、各段階の作業範囲がより広範になりさらに区分けを必要とする。細分化は資金上の制約を理由としても実施され、とくに現地調査時に要請されることが多い。建設を段階的に行う場合には、プロトタイプの稼動から得た経験を、適宜設計変更に反映できるような配慮が必要である。

　懸案の事業の複雑性、入手可能な高信頼性データの量、同地域における同様な別事業の有無などにより、削減・抹消可能な活動も出てくるはずである。ただし、こうしたことは、事業効率や資本・維持・操業費用に及ぼす影響を十分考慮した上で行うようにする。段階Ⅰの初期作業と、近隣での涵養事業の成功例のデータを正当化できれば、事業は概念の計画段階からただちに現地調査に進む。環境影響調査は事業設計調査と同時に進める必要があり、時に、環境影響報告書は概念設計の完成と同時に提出を求められることもある。

　涵養事業の実施を成功させる確率を高くするには、技術者・水理地質学者・資源科学者・設計者などを含む多元的な技術チームを構成する。メンバーは、土壌物理・地下水流動・地球化学・水質・水処理・施設操作・水理・帯水層シミュレーションのモデル化・経済・水化学・水施設システムに関連する配管取水施設の設計などの専門家でなければならない。その他、環境・法規制・考古学・公的コミュニケーションなどを包含する係争が生じた場合には、対応にさらに専門家が必要となる。この問題については、概念構想あるいは計画段階での考慮を怠ると、後日高額な費用を要する途中変更をまねき、ついには事業全体の失敗にいたる要因ともなる。

2.1 事前の準備

2.1.1 水需要量の決定

　地下水人工涵養計画を推進しようとする機関は、使用量原単位・水質規制・用水権の統制などがどのような傾向にあるかを考慮し、過去・現在・将来にわたる管轄域内の水需給調査を行い、その結果としての必要性に基づいて行うものとしなければならない。こうした調査は将来の補給水の必要性についても、水量・割合・水質・場所・時期など、より明確な展望をもたらすに違いない。将来の需要を推測する際には、表流水から供給される水の量と質の変動影響や、実施が予想される水保全事業がもたらす効果も含めることが必要である。

　水需要の評価は、ほとんどの場合、平均需要・月変動・傾向を含めて行うことが必要である。年平均需要に対する日最大の比率、年平均需要に対する週最大の比率、年平均需要に占める各月需要のパーセントの算出は、涵養水がその揚水効果を最大限に発揮する需要ピーク期間の長さを評価する一助となる。これらの比率は、月毎に無駄にしている供給量・処理量・稼動容量を査定するのにも役立つ。日需要記録の分析は、月間の分析ではわからない日常の供給中に散在する貯留好機を洗い出して確定し、その結果として貯留量の節約・コストの軽減をもたらす。

　公共の水道システムは、通常、計画年の日最大需要をまかなうように設計されている。年平均需要に対するピーク日の比率は、ほぼ1.3から2.0であるが、5.0という高い値の例もある。したがって需要がピーク時需要を下回っていれば、その間相当量の余剰容量をもつ水道システムは決して特殊ではなく、一般的なものである。こうした余剰容量は、オフ・ピークの月間に涵養施設を用いて地下貯留し、有効に利用することが可能である。

　農業用システムは、平均降水量の年の気候的変動を考慮しての作物の水需要に対して設計される (Jensen *et al.,* 1990)。湿潤年には、余剰流出量を貯水池へ貯留し、その水で地下水盆を涵養し、乾燥年の使用に備える。

　水質規制や涵養に用いる水・揚水した水・消費者へ配水された水の質に対する要求の傾向について調査・評価し、涵養方法が適正であるか、将来的な処理要件はどんなものになるかを見極める手助けとする。

2.1.2 公共への配慮

　できるだけ早い時期、計画の段階で、住民の参加を呼びかけ、こちらより情報を提供し、当初の情報は住民サイドから直接得るようにして相互の理解を深めておく。後

になったのでは、誤解が生じ、その解決に多大な時間と労力を要することになる。
　地下水涵養事業は、多くの場合、涵養サイトに居住する人々、さらにはそこからかなり離れて生活する人々をも含むさまざまな人の集まりに、少なからぬ影響を与えるものである。たとえば、上がるにせよ下がるにせよ水位の変化、涵養する帯水層の地下水質の変化、周辺の湧水量の変化、事業対象域下流の河川流量変化、その他各種環境の変化など、影響の及ぶ範囲は広範である。準備段階の初期に影響が及ぶ可能性のあるすべてのグループの人々と接し、人々に予定事業について知らせ、人々から提言やコメントを受け入れ、彼らの関心事が何であるかを明確に認識し、彼らとともに課題に取り組むことが重要である。助言機関は計画者と住民との間のコミュニケーション・リンクである。したがって、その構成員には、管理・環境グループの代表とともに、地域社会に影響力をもつ共同体の代表者も含まれていなければならない。
　地下水事業は、公共機関や民間組織（水供給会社）などが後援し、地方・州・連邦などの認可を必要とする。合衆国においては、これらに限定するものではないが、つぎのような法規が関連する、環境政策法・水浄化法・水質保全法・危険物取扱法、その他各地方・州法および規制。計画事業に関係する法律や規制は、調査の初期段階で確認する。5章では規制と水利権について記述し、6章では環境（社会も含む）問題について述べた。

2.1.2.1　地下水人工涵養の公共的合意

　良質な表流水や、"天然"の地下水を使用している人にとって"新しい"地下水の安全性や味ははなはだ心もとないものであろう。地下水を水系に加えることになったならば、助言機関の援助のもとに、地下水を加える必要性とその効果に焦点を絞った周知キャンペーンを展開するとよい。公開行事で味覚テストを行い、一般の理解を得るのに成功した例もある。地下水を使用している地域に、地下水の人工涵養を導入しようとする計画では、より一層の理解をしてもらうための努力が必要である。とくに、涵養水源が飲用に適していない水の場合、人々の理解を得るのは容易ではない。

2.1.2.2　人工涵養の住民の理解

　人工涵養計画の初期の段階で、住民集会や地域のクラブ活動時に使用する講演用原稿・配布用文書を準備し、地下水人工涵養とはどのようなものか／人々の生活にどのように有益なのか／ユーザーを保護するためにどのような安全策がとられているか、などについて住民に十分説明し、理解を得ておくことが望ましい。

2.1.3 涵養目的の決定

　どんな事業案でも、その事業で行う涵養の目的の範囲を十分に考慮し、適切なものを選びだし、優先順位を決めておくことが大事である。このステップは当然かつ自明のように思われるが、しばしば無視され、そのために完成後に設置場所が不適切であることが判明したり、あるいは別の方法によれば可能であった利益に達成できないなどの結果にいたっている。事業にはまず第一（主）目標があり、それが明確になっていなければ第一段階に踏みだすことはできない。通常、さらにひとつもしくは複数の二次的な目標があり、これらについての考察も早い段階に行われれば概念設計にも影響を及ぼし、涵養計画への支持基盤を広げるものとなる。以下は、世界中で現在稼動中、もしくは、さまざまな開発段階にある事業が掲げる目標から抽出した32の涵養目的である。他の目的や、以下のいくつかを組み合わせた目的も、もちろん採択可能である。

・統合的な水管理
・季節的な貯留と揚水
・長期貯留もしくは水貯蓄
・非常用貯留もしくは戦略的貯水
5 短期貯留
・群井産水量の増加
・地下水位の保持
・水位上昇、揚水コストの低減
・地表もしくはパイプライン送水システムの代替
10送水システムの水圧と流量の維持
・水圧と流量のシステム信頼性の補強
・淡水レンズの保持
・水施設拡張・新設の延期
・地盤沈下の速度抑制と制御
15農業基準への水質の改善
・水道基準への水質の改善
・熱エネルギー貯留
・用水利用の安定化
・消毒副生物の抑制
20汚染水の水理的制御
・農業廃水の栄養分抑制
・土壌―帯水層浄化による地表水の水質改善
・下水処理水の貯留

・塩水浸入阻止・逆転・防止用バリアの形成
25 塩分バリア表面漏損失の補償
・河川水分流による環境影響の低減
・河川流量の保全と復活
・魚類ふ化場の水温制御
・水のレクリエーション
30 洪水制御
・魚類・野生動物の繁殖
・水生・沿岸環境の保全
（数字は訳者による。以下同）

　二次目的については以下に2例をあげる。1は水処理プラントの増設を遅らせることを目的とし、2では洪水調節とレクリエーションの兼用施設を追加して建設することを目的にしている。

1．コミュニティーは飲用地下水の貯留に際し、「水のピーク時需要に備える」という第一目標をもつが、同時に、水処理施設拡張への必要性を軽減し、その建設時期を遅らせることも目標にしている。関連する取水井戸もしくは涵養揚水併用井戸の設置場所は、処理施設内でもよいし、その他、送水・配水システムのどこか適当なところであってもよい。需要のピーク月には、配水地域に圧力が不足する区域が生じる。井戸を問題の配水区域内に設ければ、需要の低い月には余剰水を貯留でき、第一・第二双方の目的にかなうことになる。もちろん、需要ピーク月の間は揚水され、当該地域の配水圧力は十分な高さに維持される。

2．地下水の貯留減少に対処して補給用の涵養池を都市域につくれば、洪水制御とレクリエーションの両方の目的を果たすことが可能である。洪水調整用涵養池は沈殿用貯水池に沿って建設して涵養水源とする。池の周辺は、レクリエーション地として十分活用できよう。

2.2　データの収集

　収集するべきデータの量と項目は研究の進捗とともに変化する。事業の調査の開始にあたっては、過去の分析データをあらゆる観点から集め、整理し、検討することが必要である。地下水源についてほとんどわかっていない状態ならば、現地計測を行いデータを補足する。これにより資源の予備分析ができ、分析結果の情報に基づき、概念計画の構築に不足データはないか検討し、あるとすればどんなデータかを明確にすることができる。初期段階で必要とするデータは、量的にはそれほど多くないが広範囲のパラメータを含み、質的には高いものが要求される。予備調査完了後、概念計画

を作成するには、追加データを入手する必要が生ずる。予備設計のためのデータは、包括的かつ詳細にわたって収集・整理し、最終設計時に補足データの追加収集が必要にならないようにする（ASTM D5408, D5409, D5410, D5254, D5474参照）。

必要なデータはつぎのような種類のものである。涵養に使う水の量と質を決める上に必要な位置的・量的（率）・時間的データ、地下水源についての同様なデータ、地表・地下の地質的条件、浸透システムの建設現場予定地・周辺地域の地形図、人口統計学的情報、規則・法律・規制、利用可能な技術・技法に関する情報など。飽和・不飽和帯の汚染に関する水・土壌のデータも必要であるが、多くの場合入手に手間取り、調査に間に合わない。地下水源の分析に必要な情報は、自然条件・非自然条件の2つのグループに分けられる（2.2.1および2.2.2）。現在の値のものだけではなく、変化の過程のデータも含むべきで、データ自身の質および非自然条件データにおける予測変化・変動に十分注意しつつ、収集する。

2.2.1 自然条件に関するデータ

下記は水理学的検討に必要な項目の中からいくつかをピックアップしたものである。
- 飲料水供給源・河川・運河・湧泉・下水処理施設など、水源となる可能性のあるところの流量測定。測定値は、雨季・乾季、季節的変動、その他の変動を含む長期間にわたる測定によるものとする。
- 上記と同じ見込み水源と、使用予定の帯水層に存在する水の水質分析。分析は物理・化学・生物学的パラメータを含むものとする。水質の経時的分析では、ある特定の問題を調査する間に多くの試料が採取され、したがって水質が悪い方に偏向している可能性があることに注意が必要である。
- 地下水面の深さおよび地下水面の標高、もしくは各帯水層の水頭
- 地下水盆のそれぞれの場所の地質柱状図および検層図
5 地下水盆および周辺地域の井戸位置および揚水量データ
- 地表、地下でわかっている汚染源の位置
- 帯水層の水理定数に関する水理試験、既存データ
- 地質図および地形図
- 水施設を含む土地利用と水収支に影響を及ぼすその利用の変化
10 地表浸透率および透水係数

2.2.2 自然条件以外のデータ

段階Ⅰの早期に、事業案に適用される連邦・州・地方の法律や環境基準などに精通

しておくことが望ましい。また、水源・地下水の権利、地下水盆の貯留容量、配水される水の水質について、それぞれ、文書化しておくことも必要である。さらに望ましくは、事業が影響を及ぼすおそれのある栽培・養殖資源、および希少品種・絶滅危惧種（5、6章）に関する入手可能な物理的データも用意しておく。

2.2.3 データのまとめ

収集したデータは検索・抽出が容易できるように整理し、段階毎に集めた情報を再検討し当該段階の目標が完全に達成されているかどうかを確認する。データベースの情報が不十分ならば、追加のデータ収集を計画し、調査がつぎの段階に進む前に完了させることが肝要である。

2.3 資源の評価

以下のセクションでは、資源の評価に始まり概念計画へ進む調査の過程で考慮されるべき項目について述べる。詳細データについては、事業の場所・規模・利用可能な情報・技術などによって必要量が異なる。工事が先に進んだ段階でより詳細な再検討・再調査を要する活動が、決して少なくない。

涵養手順やその他適切と思われる手順に関する予備評価では、広範なテーマについての考察が必要である。テーマには、利用可能な水源・必要な処理・建設候補地・事業の予測産出水量およびコストなどが含まれる。一般に、水の供給・需要変動を考察すれば、涵養可能水量と揚水必要量の年間総量がわかるものである。涵養および涵養水の揚水計画は、水道水・工業用水（M&I）、それに、農業用水の利用に対するピーク出力の時期を判断する際に必要である。河道内・河道外の地表涵養施設を使えば地表からの涵養が可能である、という水理地質的評価が得られれば、短期間の調査で利用可能な涵養流量に対し十分な涵養能力があるかどうかを判定できる。二次的な有効利用が見込まれる場合には、敷設場所の評価も必要である。候補地の土地・水理地質条件が好ましいものであれば、地表涵養は、井戸涵養に比べ、より経済的な方法である。これらの要素のいずれかが制限される、あるいは涵養地点での貯留水の揚水が望まれる場合には、井戸涵養の使用を考える。地表涵養と井戸涵養を組み合わせて使用することで、その土地に固有の利用可能な涵養量と貯留能力を十分に活用し、同時に、運用に柔軟性をもたせている例もある。

実施プロセスにあっては、涵養によって生ずる潜在的な目的を配慮しておくことが大切である。涵養水を地下に送り込むのは手順の一部分に過ぎず、揚水する地点で貯留された水を可能の限り最大に利活用することが同様に重要である。したがって、涵

養を経済的側面から見る場合には、地下水涵養施設にかかる費用だけではなく、その地域の水管理目標を達成するために必要な総合的費用を考慮するべきである。万一、事業が当該地域以外の人々が使用する水の量・質に影響を与える可能性があるならば、派生する費用についても考慮が必要である。

2.3.1 使用できる水源の量と質の評価

 事業を成功させるためには、涵養原水と受け手となる地下水の質と量、さらに原水と地下水との相性を慎重に検討することが必要である。

 まず、水源毎に利用可能な平均流量について調べる。流量と水質の変動（日単位から長期にわたるもの）、流量と水質の変化傾向などが調査の対象となる。多くの場合、初めのうちは流量の大部分を水源にあてられるが、時が経つにつれ、その水源に対してよりも優先度の高い他の需要（権利）が生じ、確保できる流量は次第に減少するものである。つぎに、月間変動について、水理条件・需要の競合・法律や規制による制約・各システムの特性などに基づき調査するのが一般的である。

 涵養に適さない、あるいは水質基準を満たしていない水源でも、涵養前に処理を行えば水質の改善が可能である。ただしこの場合、改善処理がもたらす二次生成物の廃棄処分についても用意が必要である。適切な水源には以下を含む。

・河川・運河
・湖・貯水池
・再生処理した下水
・洪水流量
5 他地域からの導入水
・他の帯水層からの地下水
・処理（加工）飲料水

 地表拡水・井戸涵養のいずれでも、水質の異なった水を混合すると、化学物質の沈着など望ましくない結果を引き起こすことがある。涵養がもたらす影響については、涵養される地表水だけでなく周辺の地下水もあわせて考慮する。周辺地下水の水質は涵養された地表水の影響を最小限に止めることができるものでなければならない。汚染水地域は選択対象外である。水質の悪い地域を避けることができない場合は、工事地点を選択する前に、汚染水の影響に関し、その移動と拡散をも含み詳細な査定を行う。

 涵養水の水質（物理・化学・生物学的）と処理方法にも、十分な調査と検討が必要である。平均値はしばしばその数字の裏に季節周期や長期傾向を潜めており、こうした隠れた数量が涵養活動に大きな影響を及ぼすものである。涵養水が十分獲得できる月は、他方、涵養池や涵養井戸が詰まりやすいという水質上の課題が絶えない月でも

ある。都市・工業・農業排水の流れ込む湖や河川を注意深く監視し、地下水に悪影響を及ぼすおそれのある水を涵養水として使用しないようにすることが重要である。潜在的な問題を正しく判断するためには、各水源の涵養水の水質調査を徹底して行う。並の流量を示し一般的な涵養が行われた月間に採取した少なくともひとつの試料を用いて、物理・化学・生物学的組成を調べることは将来の採水に有益な指針を示すものであるが、異なった期間や流れの状況が変動する間の複数サンプルを評価する場合は、大いに慎重でなければならない。湧水湧出に関連して高い硝酸塩濃度が見られる地域では、1年のうちでその時期を外した期間に良好な水質の水を地下に貯留し、また水源の水質があまりよくない時期に涵養水を揚水すれば、人工涵養を有効かつ経済効率よく利用することが可能である。一旦涵養量と質の問題に取り組んだなら、2つの問題を組み合わせることが可能となり、それにより適切な水質の涵養水を十分な量確保できる時期を年間から選び出して評価することができる。その結果、初年度からその後の数年間の年間見込み涵養量の算定基準を得ることができる。水需要の変動の平行解析と比較すれば、必要な涵養量および可能な涵養量を判断する基準データを得ることができる。

2.3.1.1　使用する水源のアクセス性

　涵養の運営に必要な水は水源から予定の施設まで、できるだけ簡便・容易に送水できるものでなければならない。パイプラインや開水路などは大規模な資本投資を象徴するようなもので、他の形式によっても、送水システムは運用、維持・管理に高額の費用を要する。もし、地下水人工涵養施設を既存の送水施設や、余剰送水能力をもつ自然水路の近傍に設置できれば、涵養事業の経済性は十分成り立つ。水源地からの送水を下降勾配にすることができれば、揚水費用を最小限、もしくはゼロにすることも可能である。

2.3.1.2　水源の長期有効性

　涵養水源は、経済的水準を維持し技術的にも能率性を損なわない範囲で、長期間、涵養の運営をまかなうことができる水量を保持するものでなければならない。ひとつの水源からの送水で不足ならば、他の水源からも送水して補う。充足度（もしくはリスク）の判定は、流量の量・質の履歴を基づいて行う。負うべきリスクの大きさは利用者のタイプ（農業用・生活用・商業用）と、どの程度までの不足量を容認するかによって異なる。一般的に地下水貯留事業は、水源について、かなり高レベルの非信頼性をもちながらも運用を維持できるものである。もし、使えるデータがない、あるいは水理的解析によってもデータが不足な場合は、施設設計に入る前にデータ収集期間を設け、事業の実現の可能性を査定することが必要になろう。その他、長期間の水源としての適合性の要因は、環境破壊の度合い、当事者以外の水源への権利、水源への

アクセスに必要な許可と関係する地方・州・連邦の規制などが少ないことである。これらの各要因については、計画の初期に十分調査し、事業の実現性と有効な寿命を判断する際に考慮するものとする。

2.3.1.3 法制および環境上の制約

計画の初期段階で法制的な要素（5章）の検討を怠ると、不要な遅れをまねき、事業の失敗にもなりかねない。全工程を通して、環境に及ぼしている影響の確認（6章）と、環境グループに対して行う情報公開に十分注意することが大切である。こうした考慮により、事業をよりスムーズに進捗させ、事業を阻止しようとする活動に好機を許すことなく、協調に導くことが可能となろう。

2.3.1.4 費用対水質

どの水源が経済的に最も優れているかを判断する際には、必ず、涵養の運営に及ぼす水源の質の効果、付帯する処理費用を含めて考慮する。処理費用には、二次生成物を適法に廃棄する費用や、危険化学物質や病原性微生物から公衆の健康を守るため監督官庁が求める追加的な処理要求に応じ処理内容を追随的に変化させることを想定し、そのための費用も含むものとする。また、増えた情報や発展過程の技術は再検討し、それらが結果的に、涵養水中の危険化学物質・病原性微生物の除去に高額な追加処理を必要とするかどうか判断する。

2.3.1.5 水源としての下水処理水

水源として下水を再生するための調査には、下水処理施設からの流入を受け入れている水源の検査と、その施設の下水規定条件への適合記録の調査を含む。下水道への工場廃水の流入・雨水排水の流入がある場合は、記録が必要である。地下水涵養水源として下水処理水の使用が予測される場合には、処理後の下水中にウィルス・病原菌が存在していないことを確認する。さらに、下水処理施設に水質条件を設定し、監視システムを開発し、これらにより条件を満たしていない水を排除する基盤を備えることが必要である。

2.3.2 地下水源の評価

地下水源の評価には以下を含む。すなわち、地下水盆とその下部盆地の水平・垂直方向の広がり、予測貯留水量・貯留水量の変遷・実貯留水量、（単数もしくは複数の）帯水層の水質、帯水層の数と帯水層間の連続性、地下水の移動と貯留を支配する水理定数の値、貯留水量の変遷に示すような供給と需要間の水収支の履歴に見る傾向など。

2.3.2.1　有効貯留量

　帯水層の貯留能力と滞留特性は、おおむね、帯水層構成物質の性状・地層の広がり・貯留係数・亀裂や断層の存在・露頭の形状などの、建設地のマクロ的な水理地質条件によって決まる。一般に建設候補地の地下には帯水層が広範に伸びており、帯水層貯留量は地下水の採取により減少（地下水位が低下）しているものと思われ、涵養の有効貯留容量は、その初期段階ではほとんど無制限である。井戸涵養を行っている他の地区では、貯留水はもともと被圧帯水層と一部の不圧帯水層の中にあった水とが入れ替わることもあるが、揚水にあたってははじめから涵養によって貯えられた水だけが揚がってくる。この際、もともとあった水の水質は変化する（淡水・汽水・塩水・高窒素水など）。

　不圧（自由面地下水）帯水層では、人工涵養に使用可能な地下水盆の貯留量は、地下水位の上昇上限と淡水の基底もしくは下降水位下限との間の容量に相当する。地下水盆の利用法は、地表の貯水池が貯水容量の一部を未使用のまま温存し、洪水制御・レクリエーション・水道・その他の使用に備えていることにたとえられる。地下水盆の貯留容量には、総量と人工涵養にあてる容量との、少なくとも２つの捉え方がある。涵養有効容量は、水位レベルの上下限や揚水井の貫通帯、あるいは、水質問題などによる制約を受けていることが考えられる。必要な貯留容量は慎重に設定し、他の目的や事業で必要とする容量を侵犯しないように注意する。

　使用目的に対してほとんど前処理が不要である水を含んでいる被圧淡水帯水層の有効貯留容量は、露頭（涵養）部分で獲得できる量のみに限られ、加えて、帯水層中の許容圧力による制約も受ける可能性もある。非飲料水を含む被圧帯水層では、井戸周囲の「もともとの水」の置換により貯留が行われる。この方法による貯留容量は、しばしば必要量をはるかに上回るものとなる。

　粒径分析やASCE（1987）に記載されているその他の試験方法、あるいはASTM標準試験法（付録C参照）を用いて、貯留能力を予測するための間隙率・比産水率・貯留係数を求めることができる。帯水層の広がりと、透水係数・帯水層中のレンズ・隣接する層中の亀裂、断層、その他の特性などの水理的特性は、さく井柱状図・物理探査・物理化学室内試験・揚水試験・トレーサーを用いた地下水流の観測などによって特定することが可能である。評価の目標は、地下水盆の現在の貯留量および可能な貯留容量を求めること、または貯留容量が事業で必要とする量を確実に上回っていることを確認することである。さらに地下水盆および予測される涵養サイトでの地下水流の動きを制御するパラメータの値を求めることも、付加的な目標である。

　固結物質を大量に含む地層は（未固結物質を少ししか含まないので）、他の地域に水をすばやく流入させ、高い涵養率をもつ。この現象は、垂直・水平チャンネルや破砕帯、間隙が主要な搬送帯となる石灰岩や亀裂質岩石の堆積した地域でよく見られる。地下水盆の水理特性や揚水の位置・計画にもよるが、不圧帯水層の涵養地点の近

傍での揚水は困難であろう。

　固結・未固結物質のどちらの地層であっても断層亀裂があると、地下水の流路もしくは流動のバリアが形成される。断層バリアは地下水盆を分断し、完全または部分的に隔離された小地下水盆を形成する。また、帯水層間に垂直流を許し、帯水層中の地下水の流れを遅くし、あるいはまた水の移動を完全に止める働きもする。

2.3.2.2　運用する地下水位の上下限

　不圧帯水層の地下水位の上限は、地下室（墓地や道路の基部なども）をドライに保つ、あるいは地下水の近傍河川への流出停止、低水質域への水の移動の防止、さらには暫定的に土地を湿地帯化させる関数とみなすことができる。他方、水位の下限は、深さに伴う水質の低下、既存揚水井の容量の減少あるいは枯渇、経済的な揚水の湛水深、また地盤沈下などを示す関数となり得る。ただし、塩水と近接している地下水帯での場合は特殊で、ここでは、淡水の塩水への流入を防止する場合も、淡水帯水層へ塩水の侵入を許容する場合も、厳密な精度で制御し、水位維持のために格別の注意をはらうことが必要となる。以上のすべての理由が、運用地下水の上限・下限水位の制約要因となり得る。

　被圧帯水層での涵養の圧力を制約するのは、(1)被圧帯水層の水理的破砕率、(2)涵養または揚水期間中の井戸もしくは湧水の流出・枯渇の可能性、(3)過重圧力下での濁度による涵養井戸の目詰まりを最小化する必要性などである。

2.3.2.3　水質

　周辺の地下水の水質特性は事業が影響を及ぼす範囲の全域にわたって明確にする。地下水が無機質か有機質か、生物学的水質はどうであるかなど、場所や深度を変えて（もしくは帯水層毎に）データを集め計画の設計基盤にするのは、利用者の要求する水質の水を供給する上で、大変重要なことである（ASTM D5738, D5754, D5877, D5903）。

　地表涵養の場合、周辺地下水は淡水でなければならない。しかしながら井戸涵養では、周辺地下水が淡水・塩水・汽水・高窒素水のいずれであってもよく、その他の不良成分が含まれていてもよい。これらの水は貯留水に置き換えられ、同じ涵養揚水併用井戸からは置換後の水が揚水されるからである。

　帯水層中の「もともとの水」が涵養水に反応すると、水質が劣化もしくは改善される。水理地質調査の一部として行う初期試験では、混合が生じる深さの、異なった場所（少なくとも3カ所以上）から十分な数の地下水試料を採取して広範囲なパラメータについてテストする必要がある。必要な試料の数は涵養水の水源のタイプによって異なる。たとえば、水源の水質に季節的変化が見られる場合は、多くの試料が必要になる。追加試料の採取については、試料を検討していく中で、その必要性が示唆され

よう。地球化学的評価の目標は、水の親和性の判定で、異なった水が、沈殿・その他望ましくない反応を起こさずに混合、あるいは共存できると証明することである。他の帯水層の地下水との混合が疑われる場合には、その帯水層で試料を採取する必要がある。地球化学的に望ましくない反応が予測される場合、問題の解決には前処理・後処理を行えば十分であろう。

2.3.2.4 水源としての水処理
　地下水の人工涵養に先立つ水源の水処理の必要性と処理のレベルは、以下に基づいて判断する。
・水源の物理・化学・生物学的負荷
・周辺地下水の水質
・既存・予測地下水質基準
・運用上の要件
・特殊許可要件
　涵養揚水併用井戸からの涵養は、一般的に処理飲料水による涵養で十分である。ただし、配水管の中の固形物を除去するために行う井戸水頭でのろ過、あるいは望ましくない地球化学的反応が予測される場合、これを抑制するために行うpH調整などの必要性については常に配慮し、適宜手配を怠らないようにする。帯水層の特性によるが、水源となる飲料水の質が低い場合には追加処理も必要になる。

2.3.3　可能涵養地点の目録
　候補地点の特性と費用についての予備情報は欠かせないものである。最終的な地点選定に際しては、各候補地の現況に加え、以下の特性情報も必要になると思われる（ASTM D420, D5254, D5730）。
・地質（加圧層・土壌パラメータ・断層など）
・地球化学
・地形
・水文
5 気象（気温・降水量・風・支流流出など）
・地下水面・ポテンシャル勾配の傾きと方向
・適切な水源の近接
・配水施設への隣接
・利用地域への隣接
10下水処理施設への隣接
・毒物・その他の廃棄物への隣接

- 土地利用の変遷
- 植生と野生生物
- 絶滅危惧種の存在

15 文化資源
- 有能な人材・研究所の近接
- 周辺井戸
- 行政・公益事業の境界線

2.4　事前調査

2.4.1　水理地質

　事業の実現性を査定する際、水理地質調査は一般的に最も時間を要し、かつ重要な作業である。地域の水文・地質を入念に評価することで、適切な貯留域や涵養水源、水処理の必要性、涵養施設の建設場所や施設のタイプまでを選択することが可能になる。この作業を、実質的な現地調査を追加することなく完成させることは、難しいことではない。一方で、このような評価は、試料採取や掘削・試験などでしか解明できない、いまだ知られていない技術的重要課題を示唆することがある。この場合の現地調査を予備調査の間に行うか、あるいは概念計画または予備設計まで遅らせるかは、個々の事業現場の判断によるものとなる。しかしながら、わかっていることとわかっていないことを明確に識別することで、事業の作業計画や財務計画、さらには今後のデータ収集活動に関してより賢明な判断を下すことができるようになる。地下水盆の一般的な水理地質評価では、入手可能なデータと資源を用いてつぎのような技術的問題について考察する。

- 表層地形
- 表層土壌および不飽和帯の特性
- 帯水層（空間的広がりと深度）
- 地下地質構造（未固結層・亀裂・堆積層・溶存物質・割れ目など）

5 加圧層と難透水層（空間的広がりと深度）
- 水理的境界
- 透水層と加圧層の岩質
- さく井柱状図・検層図・コア・ボーリング試料
- 水理特性（透水量係数・貯留係数・漏水率・透水係数・間隙率・浸透率など）

10 地下水面・等ポテンシャル面の過去と現在
- 地下水面・等ポテンシャル面の勾配

- 適切な半径内の井戸資料
- 周辺地域の地下水揚水量
- 懸念される汚染源の近接（地表および埋設）

15 典型的な井戸掘削方法と平均の取水量
- 粘土・砂・その他の土壌成分の鉱物特性
- 各帯水層の水質の過去と現在
- 地層水と鉱物によって涵養水が受けるであろう地球化学的変化
- 涵養の運営による影響を受ける可能性のある潜在的汚染プルームの近接

20 地下水盆の地質図
- 地下水盆の水理地質断面図
- 地域地史
- テクトニクスおよび地震学的背景
- 堆積物の粒度分析

　想定される基盤岩石の境界（ASTM D5609）、宙水層と水質に有害な要因（たとえば蒸発残留物・不飽和帯や帯水層中の希少物質）なども評価して明確にしておく。管理されていない固形廃棄物処理場のような地表の有害要因である地域を選び出し、こうした地点からの影響を最小限にする。断層面やチャンネル状の堆積物など、涵養した水の流れの方向に影響を与える地形上の特徴を認識することも重要である。地質的情報が不十分な地域では、試掘をして（孔内および地表からの両方で）物理検層を行い、最終的な候補地選定に先立ち地質条件を設定することも可能である。

　水理特性の多くは現地または室内いずれかの試験による判断を必要とする。調査の初期段階に水理特性を求める際には、数多の地下水教科書にある表を用いて算出するだけでよい（Van der Leeden *et al*., 1990；USGS Water Supply Paper 2200, 1984a）。さらに精度の高いデータが必要になった時は、地表もしくはボーリング孔（井戸）から地下の情報を得る数多くの方法がある（Fowler, 1996；Heath, 1984a；ASCE, 1987；Dobrin, 1974；ASTM D4044, D4104, D5092）。

　帯水層もしくは地下水盆の比産水率は、帯水層・地下水盆の容積に対する飽和後の帯水層・地下水盆が重力により湧出する水量の比率である。この定義は、当然ながら、重力排水が完全に行われていることを含意している。比産水率は、一般に自然条件下で、単位水頭が変化した結果生じた不圧帯水層中の単位当たり貯留水量の変化として捉えられている。これが貯留係数の定義となり、帯水層または地下水盆の面積または深さ（容積）と掛け合わせると、不圧帯水層や地下水盆中に貯留できる可能水量を示す数字となる。

　比産水率（貯留係数も同等）は、地下貯留に対する涵養可能な水量と採取可能な水量を予測する際に用いる。しかしながら、飽和土壌物質からの（もしくは不飽和土壌物質への）排水（もしくは注入）には長時間を要する。比産水率や貯留係数の定義に

時間要因は含まれていないが、多くの実験の結果、排水速度は最初に速く、時とともに緩やかになり、排水完了までには数カ月から数年を要すると推定されている。細粒物質は、間隙率は大きくなっているにもかかわらず、比湧出量や貯留係数は粗粒物質よりも小さい。

透水係数（透水性）はポテンシャル勾配のもとで流れる水の容量の尺度である。この数字は物質の粒径に大きく依存している。すなわち、粒径が小さくなればなるほど細孔が小さくなり、流れの摩擦抵抗が大きくなる。量的な値はダルシーの法則で表される。この法則は地下水のほとんどすべての教科書に記載されている（Heath, 1984a ; ASTM D4043）。

透水係数は温度の影響を受ける粘性によって変化し、また間隙を満たす水の化学成分にも依存する。多くの帯水層の部分を構成する粘土鉱物は、水の化学的成分に敏感に反応するものである。また、異なった化学成分の水が混合すると望ましくない化学反応が起きて透水係数が低減することもある（Huisman & Olsthoorn, 1983）。空気と水が一緒に多孔質媒体中を流れると、水のみが単独で流れる時よりも透水性が小さくなる（Huisman & Olsthoorn, 1983）。

孔内検層（既存井・新規試験孔を用いた）や地表物理探査にはいろいろあり、事業の候補地選定に活用できる。十分な地下データが入手できない地域では、候補地選択前にこれらを実施して情報を収集することが必要である。孔内検層は、宙水帯の存在・予測形成区域の調査、堆積物の粒度や間隙率の算定、相対的・概略的な透水係数の測定、さらに事業で使用すべき貯留帯の選定などの目的で用いられる。

地表物理探査は地下水探査の初期と終期の両段階で用いられる。基盤岩石の深度測定、埋没構造（たとえば断層や基盤岩のバリア）の有無調査、埋没チャンネル・管路の有無調査などが、この手法によって行われる。地表物理探査技法は、小地域から広域の行政地域にいたる広範な範囲を対象とし、事業に有効なものとしてはつぎのような調査項目を含む。
・地震（反射波・屈折波）
・地磁気
・重力
・電気抵抗
・電磁波
　孔内物理検層法による調査には、つぎの項目を含む。
・比抵抗
・音波（アコースティック）
・自然ガンマ線・誘導ガンマ線
・中性子（核密度と間隙率）
5 温度

・スピンナー検層
・流量
・電磁気

　帯水層の地質・水理学的数値を求める方法については、多くの教科書がある。試験方法は、アメリカ材料試験協会標準規格に多数見ることができる（ASTM D4043, D4050, D4105, D4106, D5126, D5270, D5472, D5786）。

2.4.2　地下水質

　地表からの拡水や井戸による涵養で異なった水質の水が混合すると、化学物質の沈着などの望ましくない結果を引き起こすことがある。涵養の運営による影響の内容と度合いは、涵養されている地表水・周辺地下水・帯水層中のミネラルなどを分析して判断する。混合する双方の水は、混合した時にたがいに相手に不都合な影響を与えないような水質のものとする。すでに汚染の判明している地域は避けなければならない。水質の悪い地域を避けることができない場合は、汚染水の流動と拡散を含む影響についての詳細な評価を、建設候補地選定に入る前に完了させることが必要である。

　涵養される水の成分と帯水層にもともとある水の成分との非親和性は、さまざまな形で現れる。帯水層中には多様な化学反応が起きるであろう。中には帯水層の水理的挙動（貯留と透水性）に影響を与えるものもある。注目すべきは帯水層を塞ぐ不溶性の物質を生み出す化学反応で、たとえば炭酸カルシウム・水酸化鉄の形成、数種の酸化マンガンの沈着などの発生が予測される。さらに、陽イオン交換・鉱物相の再溶解・粘土の膨潤のように、帯水層中で起こり、帯水層の輸送特性に大きな変化をもたらす各種の反応がある。沈殿物にはかさのある非結晶性堆積物を形成する傾向をもつものがあり、帯水層を目詰まらせる原因のひとつになる。また、栄養分や有機質に富む涵養水は微生物の成長を促し、それが井戸のスクリーンや帯水層が詰まらせることもある。こうした問題の深刻さの度合いは、涵養水や周辺地下水の化学的特性に基づく予測能力が進化し、明確な判定ができるようになってきている。

　重金属などの関係する多くの化学物質の酸化状態には、さまざまな形がある。化学物質の移動は帯水層の酸化還元条件に依存している。帯水層で行われる酸化還元は、涵養水中の溶存酸素（DO）の有無によって制御される。汚染されていない地下水中のDOは、ほとんどの場合ゼロから数mg/ℓである。地表涵養水は通常数mg/ℓのDOを含んでいるが、この場合生物学的酸素要求量も数mg/ℓである。地表涵養水中のBODの総量は、一般に水中の酸素の消費量をまかなう量に相当し、そのため帯水層中の涵養水は無酸素状態になる。無酸素状態は、Fe^{2+}やMn^{2+}（どちらも溶解している）、H_2Sの形成などのように、水質を悪化させるさまざまな反応の発生を促す。FeとMnは帯水層中の固形物から検出される典型的な成分であるが、涵養水はその形成

の一部に関与することになる。硫化物の大部分は涵養水中の硫酸塩と帯水層中の硫酸塩（帯水層に含まれる固形物である石膏（$CaSO_4$）が溶出したもの）が、バクテリアにより還元されて生成する。無酸素状態は、また、有機炭素の存在を介して硝化塩が窒素ガスと酸化物へ変換する場合のように、多様な生物化学的反応を制御する役割も果たしている。

2.4.3　環境

環境要素の事前調査では入手可能な情報はすべて収集し、できる限り早く環境上の課題を発見して取り組むことができるようにする。環境問題への関与の遅れはその後の事業のスムーズな進行を阻み、住民の支持を失う原因ともなる。当該地域に希少種や絶滅危惧指定の動植物が存在する場合は早期に可能な緩和策を検討し、緩和策を含む実際の費用に基づいて代替案を作成することが肝要である（4.1.8.2、6章および付録D）。

2.4.4　予備モデル化

準備段階で地下水流動をモデル化して対象とする帯水層に対していずれのパラメータが最も効果的であるかを常に確認しながら調査を進めることは、地下水盆、あるいはその一部、または予測サイトの水理地質の理解を深める上に非常に有効である。こうした理解は、将来、データ収集の必要性や資金調達の判断をする際にも大いに役立つ。この段階でのモデルは複雑なものである必要はなく、コンピュータ化も不要である。簡単なモデルの一例として、地下水盆全体をひとつもしくは複数のユニットの総計として物質収支（流入と流出）を計算する式がある。また比較的単純な等式で地下水マウンドの上昇（10.9.5）を予測することができ、これにより計画案の涵養率に伴う水平流を帯水層が吸収できるかどうかを判断する。これは貯留水の横方向の広がりと動きを算定する際にも利用できる。

2.4.5　法律・規制・水利権

初期の調査を見直し、法律や規制の違反がないか、必要な水利権について記載漏れがないか、水利権に要する予測経費が計上されているかなどを確認する。

2.5 涵養方法と揚水施設

　地下水盆の涵養は，自然の水路・河川から引いた池・ピット・トレンチなどからの地表浸透によって行う。地下へ直接水を送り込む涵養は，涵養井戸・乾式井戸・涵養揚水併用井戸などを用いて行う。

2.5.1 地表涵養

　地下水人工涵養の地表浸透施設は，透水性の土壌（砂質シルト・砂・礫），過度な宙水マウンドを形成するような粘土層を含んでいない不飽和層，および帯水層中の横方向への流動を維持するに十分な透水性をもつ不圧帯水層を必要とする。また，帯水層を構成する不飽和・飽和層の土壌汚染はあってはならない。涵養域に注入される水の総量は当該地域の涵養能力を超えないものとする。表面拡水システムには河道内に設営するものと河道外に置くものとがある。

　河道内施設には手を加えていない自然流路に別の水源から水を引いただけのものから，記録計と無人ゲートを備えた特別仕立ての河床をもつ流路まで，さまざまな形がある。後者の場合の涵養水源は，河川の自然の水流でも別の水源でも，また両方を合わせたものでもよい。涵養水は堰・ダム・堤などによって河床や氾濫原に拡水されたり，貯水されて水深を増したりする。ダムには十分な余水吐，あるいは流出口を設け，定期的に洪水放水を行う。倒伏して洪水を通過させるゴム引布製起伏堰も利用可能である。現場土で築く堰や堤は，いわば消耗品で，洪水での破壊後も容易に再建できる。良質な水の人工涵養，および下水・その他の低品質の水の人工涵養に用いる浸透システムは，その土地の水理地質・水源および被涵養側双方の水の水質・気候に適合したものでなければならない。図2.2に河道内涵養システムの概要を示す。

　河道外システムは砂利採取場跡を利用した，もしくは専用に構築した複数のため池からなる。洪水調整水路から流出する出水を受け入れる河道外浸透システムには，大容量の取水構造が必要である。不十分な取水能力ではピーク流量を取り込むことができず，迂回させてしまうからである。各池は水理的に独立させ，湛水や乾燥・清掃など，それぞれの条件にしたがって個別に管理できるようにする。取水口の構造は土壌が浸食して池底にたまることのないように配慮する。池の一帯は乾燥に要する時間に大きく左右される。池の乾燥期間は浸透率が大幅に低下してしまう前にスタートさせ，池の水を揚水しなくても浸透作用だけで乾燥させることができるようにする。池の数は十分にし，柔軟な運営（湛水・乾燥・清掃など池毎に実施時期を異なったものにする）ができるようにする。また，最大流量の流入や浸透率低下時期に対処する専用の予備の池もいくつか設けておくことが望ましい。浸透率の低下は水温の低い冬

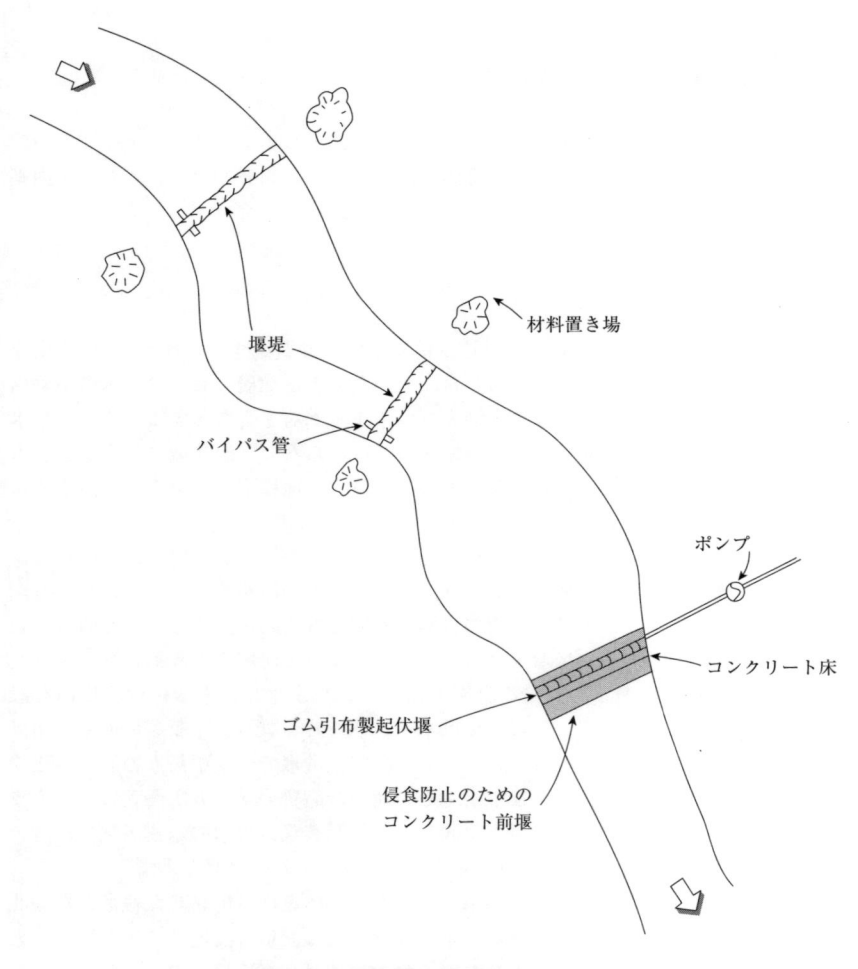

図2.2　河道内人工涵養システム

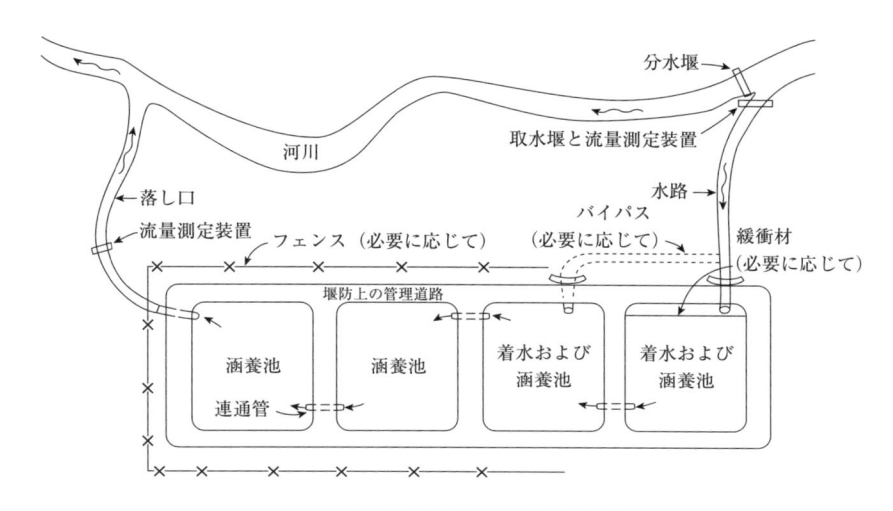

図2.3　池型河道外人工涵養施設

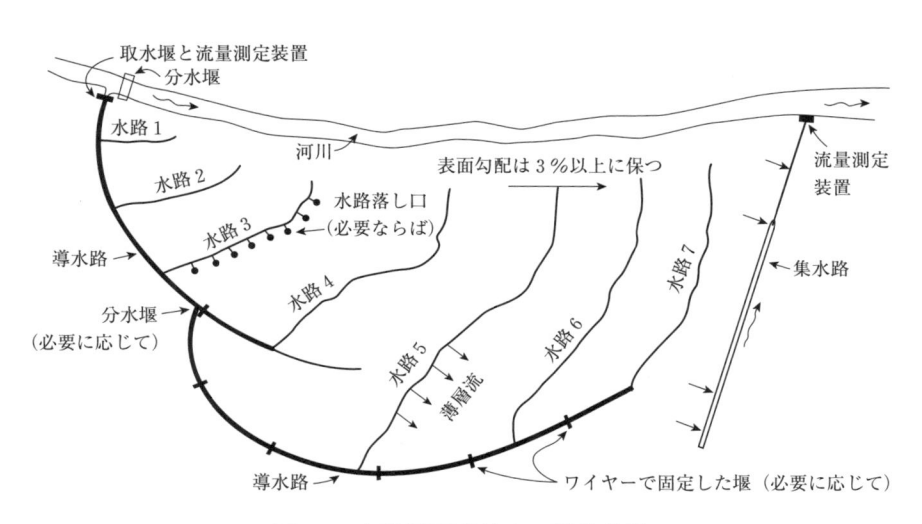

図2.4　水路型河道外人工涵養施設

期、乾燥が緩慢な時期、浸透力の回復が不十分な場合、あるいは藻・底生生物膜の成長が速い夏期に顕著である。河道外人工涵養施設の典型的なレイアウトとして、図2.3に池型システム、図2.4に水路・洪水型システムを示す。

2.5.1.1　土堰堤

　土堰堤は一般に流水方向に直角に河川を横断してつくられる。自然河床に池をつくる方法としては比較的安価かつ高い効果も期待できる。ただしこの場合、河床底材料を用いて盛り土とし、洪水時に自然流失する構造とする。通常の流量操作は、堰堤の中を通した、もしくは堰堤の底に埋設したバイパス管で行う。バイパス管はゲート付き、ゲートなしのいずれでもよい。バイパス管による堰堤の運用には、少なくとも毎日河川の水位や流量をチェックして適宜ゲート調整を行う、人による管理が必要である。

　バイパス管の制御ゲートは（ゲートが設置された場合）、下流の施設に水を流す一方、堰上流側の水位を調整する機能も有する。洪水時の堰の破壊で管が流失しないように、また操作者の便宜を考え、管の配置は堰のいずれか一方の端に寄せる。

　洪水時の堰の流失は設計によるもので、事故ではない。堰の中央部の凹部は水路の中央で堰が流失しやすいようにするためのものである。洪水の水はまず凹部を流れ、堰を浸食し始める。そして、ふつうは（必ずいつもというわけではない）、堰の下部が流出し、そこから堰の崩壊が始まる。いくつかの堰が同じ水路に連なって構築された場合、すべての堰が短時間に一斉に倒伏すれば、大きな下流への流れが生ずる。

　自然的条件が許すか監督官庁がそのように要請するならば、土堰堤を毎年つくっては壊すことが可能である。このようにするには、河床材料を使い自然に流失させる場合より、通常は高額の費用がかかる。各堰の一端に隣接する地区を資材の供出・貯留場とすれば、堰のコストおよび再建時間を最小限に節減できよう。また、流失や堰の建設機械による破壊を免れ得る恒久的な迂回施設とゲートを設けることはさらに望ましい。これにより、バイパス管の敷設やスライド式ゲートの開閉用アクセスである犬走りをつくる必要がなくなり、堰の建設時間を短縮することができる。堰の除去も恒久的な迂回施設があれば自然流失ではなく機械で行うことができ、短時間での完了が可能になる。

　さらに恒久的な堰を統合することを考えれば、それはもうほとんど小さなアースダムの建設を考えることと本質的に同じである。バイパス管の設置では、管の外側に沿ったパイピングで堰が流失しないよう、特別の注意が必要である。厚さ0.3m、長さ0.6mの粘土リングを5m置きにバイパス管に設置すれば、有効な遮水壁となることがすでに証明されている。粘土リングの寸法は工事現場の状況によって一様である必要はないが、堰の材料は堰の全長にわたってバイパス管の周囲を密に締め固めるように盛り込む。バイパス管に直接取り付ける粘土遮水壁カットオフの位置は慎重に決め

る。粘土リングが1カ所でしか使用できない場合は、上流側から見て堰の長さの3分の1のところに設置するのが適切であろう。

河川などの底から材料を調達できない堰建設で、低透水性の堰が望ましい場合、あるいは堰の一部をより恒久的なものにしたい場合は、小ダム基準に基づく設計が必要である。

2.5.1.2　ゴム引布製起伏堰（Inflatable fabric dams）

図2.5に示すゴム引布製起伏堰は、年間を通して運用する河床で用いられる。材質は強化メッシュ織の複合材料からなるファブリック（織物）で、水・空気・日射・大気汚染に耐性をもつゴム・プラスチックなどの防水剤を染み込ませてある。これを袋状に成形し空気などで膨らませて使用する。ゴム引布製起伏堰はダムが倒伏（しぼむ）した状態の洪水制御河床の形状に合わせて設計するが、このことがゴム引布製起伏堰の利点になっている。すなわち、洪水の水流は比較的妨げを受けずに通過してゆき、洪水が去って水の濁りが収まったら、ゴム引布製起伏堰を再び膨らませて立ち上げる。するとその上流側には貯水池が形成され、河床での浸透を誘発し、あるいはまた、河道外涵養施設に水を送る水源として利用することが可能になる。

ゴム引布製起伏堰を膨らませるには、水のみ／水と空気／空気のみ、を使用する3つの方法がある。基礎の材料には、堅固かつ安定した土台となるものを選ぶ。基礎の設計は3つの方法のいずれでもほとんど同じであるが、看過できない差異もある。したがって、建設に際しては基礎設計の前にメーカーを選定し、運用モードを決めておく必要がある。

水だけで膨らませダムを立ち上げるゴム引布製起伏堰が、最も簡単かつ信頼性も高い。水はあまり濁っていない時の当該河川から引けばよいが、圧送システムからの配水、湖や井戸からの揚水などでもよい。

水と空気を用いるゴム引布製起伏堰の場合は、まず空気のみで部分的に立ち上げ、ダムの上流側にプールを形成するか、または流れを分岐させ周辺の涵養施設に送り込むようにする。分流水はプールを介して揚水し、ゴム引布製起伏堰の再膨張に使用するかもしくは再分流して涵養施設へ送り込む。空気—水や空気のみの立ち上げで送り込むエアはコンプレッサーもしくはブロアーで供給する。

ゴム引布製起伏堰を膨らませる方法は別として、3方式の運用上の根本的な違いは倒伏時にある。水だけの場合、ダムはその全長にわたってどこも同じ速度で倒伏し、その全長にわたってどこにも同じ水深の越流が起こる。空気—水、もしくは空気だけの場合は、ダム中央部に三角堰を形成し、そのために越流水が高速で三角堰に集中する現象が生ずる。ダムの高さにもよるが、この流れの集中に対しては、ダム下流に侵食管理施設を設けるか、越流水のエネルギーを緩和する水撃制御施設を設置するなどの対策が必要になろう。

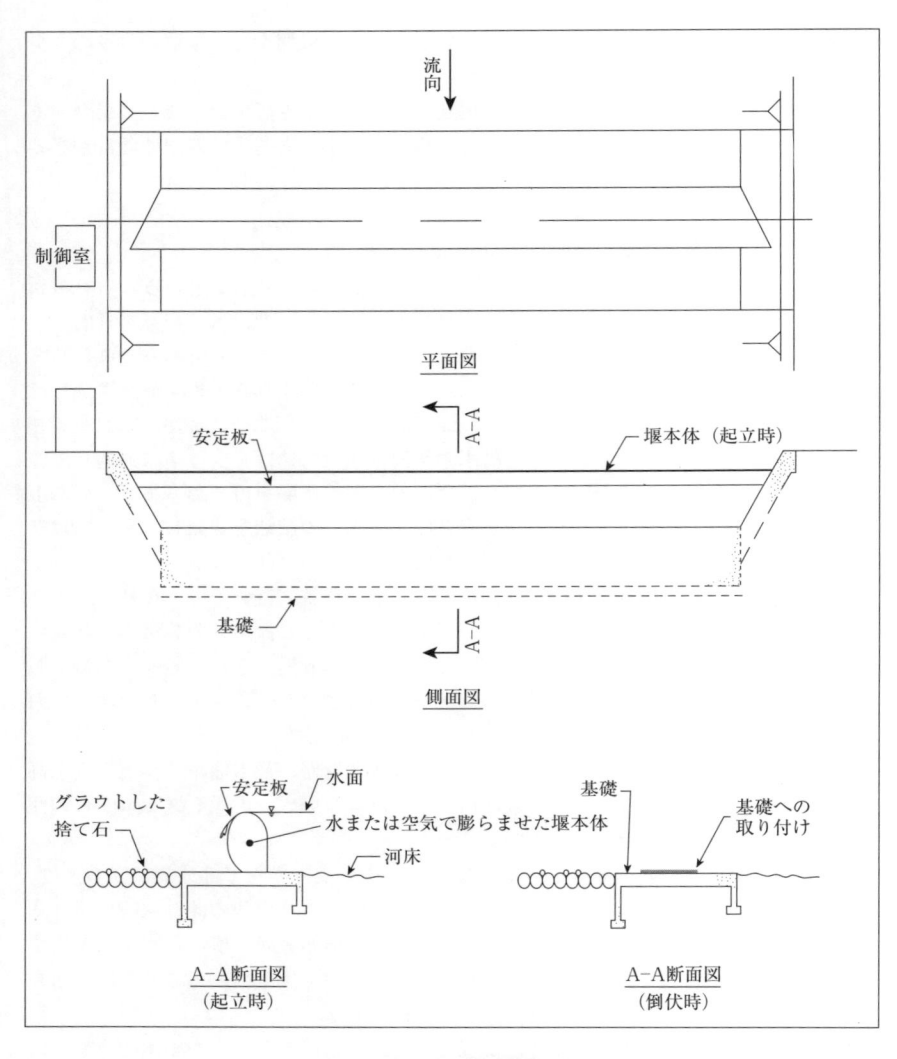

図2.5 ゴム引布製起伏堰

ゴム引布製起伏堰の基礎には通常補強コンクリートを使用するが、安定した建設基礎を得るためならば他の材料で代替してもよい。ほとんどの場合、涵養施設の位置の関係から、ゴム引布製起伏堰の基礎を不透水性材料の上に築くことは非現実的もしくは不可能である。したがってダム基礎下で漏水の発生は十分考えられる。この漏水・パイピングをコントロールするために、ダム下流法先に逆フィルターを設計して設置する。逆フィルターは砂と礫で構成され、底で細かく、上で粗くなるように分級されている。その目的は、ダム基礎の下を流れる水が基礎の底からいかなる物質も運び出さないようにするためのものである。不特定の長期間にわたって涵養水が運んでくる沈殿物をトラップし、やがてフィルターそれ自体遮水される。

　水はゴム引布製起伏堰の頂部を越えてつぎの下流の施設に流れていく。しかしながら、この流れを制御するために制御ゲート付きバイパス管施設を考慮する必要がある。万一過度な水流でゴム引布製起伏堰下流の施設の破壊が予測される時には、このバイパス管施設を用いて水量を制御すればよい。ゴム引布製起伏堰が形成したプールに流入する水量に変動がある場合は、ゴム引布製起伏堰を通過した水量をバイパス管により制御し、またダム背面の貯水により流下する水量を調整することも可能になる。

　ゴム引布製起伏堰は、周辺施設を洪水に埋没させないようにするため、高水期間中は自動的に倒伏するように設計されることが望ましい。

2.5.1.3　フラッシュボードダム

　フラッシュボードダムは貯水用ダムで、さらに涵養を誘発させるためのものとして利用される。基礎の必要条件は基本的にゴム引布製起伏堰と同じである。フラッシュボードは垂直のガイドによって支えられている。フラッシュボードおよびガイドともども洪水期間に入る前に撤去し、洪水の流下を妨げないようにする。高水量の流れの中でフラッシュボートを撤去することは、水圧が高く、ほとんど不可能である。したがって、事前に撤去できなければ設置した施設の損失が生じ、時によってはフラッシュボードとガイドを故意に破壊しなければならない事態もあり得るので、十分注意する。

2.5.2　地下浸透

　被圧もしくは不圧帯水層に涵養水を送り込むには涵養井戸を用いる。未固結帯水層（砂や礫）での場合、井戸は、ケーシング・スクリーン・充填砂利・グラウチング、それに帯水層への浸透水を井戸に注ぐ配管などからなっている。井戸が池からの水で涵養されている時は、井戸の取水口にフィルターを付けるなどの配慮が必要である。十分な効果をもつゴミ避けの例はいまだない。しかしながらフィルター内に設置し水

単孔式涵養井戸　　　　　複式涵養井戸

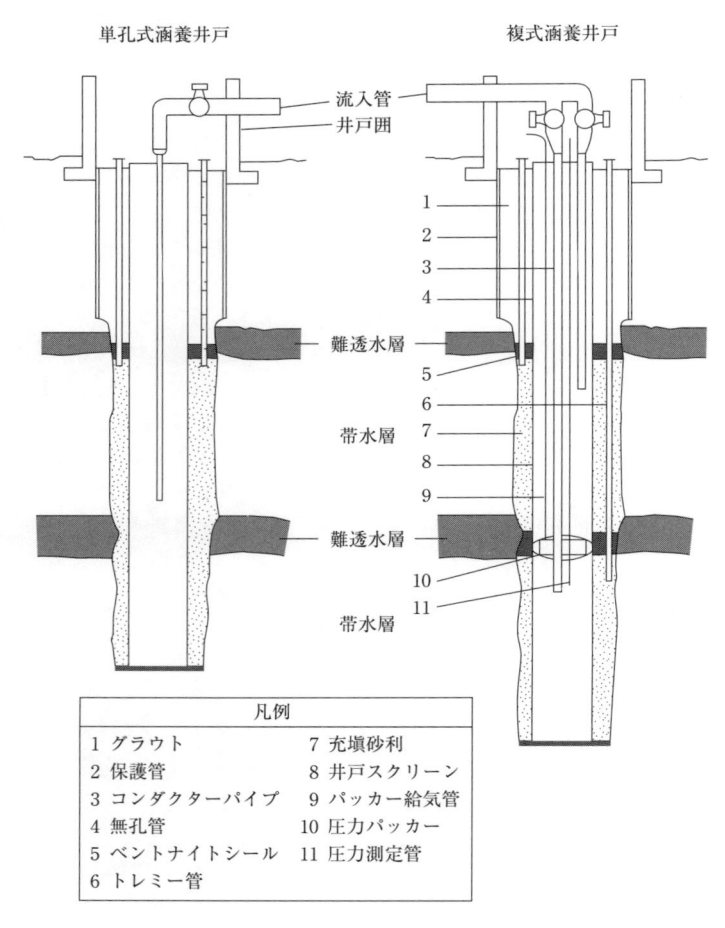

　　　　　　　　　　　流入管
　　　　　　　　　　　井戸囲

　　　　　　　　　　難透水層

　　　　　　　　　　帯水層

　　　　　　　　　　難透水層

　　　　　　　　　　帯水層

凡例	
1 グラウト	7 充填砂利
2 保護管	8 井戸スクリーン
3 コンダクターパイプ	9 パッカー給気管
4 無孔管	10 圧力パッカー
5 ベントナイトシール	11 圧力測定管
6 トレミー管	

図2.6　単孔式涵養井戸と複式涵養井戸

面下で使用する有孔の円筒状トラップは、多少の効果が期待される。涵養水を扱う際に水質を頻繁にモニターすることは、井戸や隣接する帯水層の目詰まりを防止する上に望ましく、必要な作業である。二重間隙をもつ固結した帯水層、たとえば砂岩・溶岩・石灰岩などにおいては、岩盤中の井戸の部分はスクリーンや仕上げのない裸孔のままのものがある。こうした井戸には、地表と地下水位の標高差を全面的、あるいは部分的に利用して帯水層中に水を送り込んでいるものがある。また、ポンプで水頭差

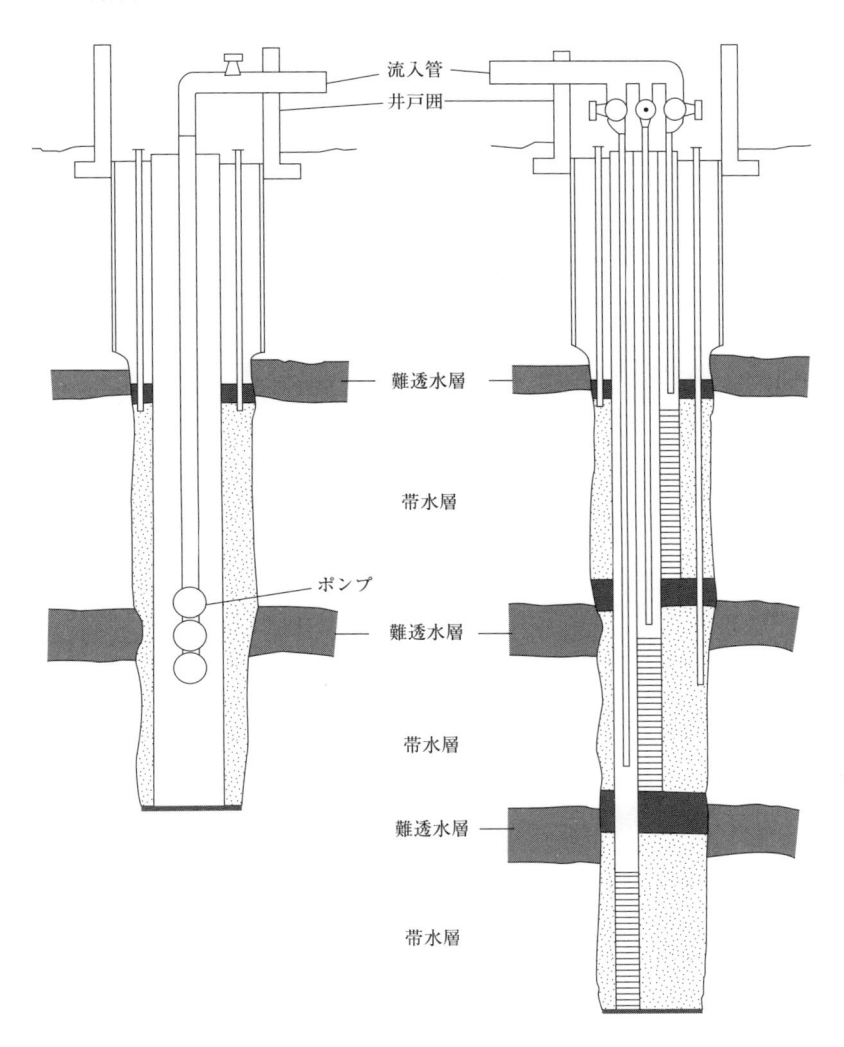

図2.7 被圧帯水層における涵養揚水併用（ASR）井戸と多点式涵養井戸

を取って涵養を行っているものもある。

　涵養井戸は、被圧・半被圧帯水層、または地表面から比較的深いところにある帯水層に直接涵養する際に用いる。被圧帯水層の涵養はこのタイプの井戸を介して行われるので、これらの層が露出した区域を探し出し、表面拡水する必要はない。同様に、涵養井戸は揚水域より上流に位置する層に対しても涵養水を送り込むことができる。涵養井戸は、帯水層がレンズ状で不透水層に細切れにされたような地層にも、効果的に用いることができる。このような地層では、涵養井戸のスクリーンを被涵養帯水層に向かい合う形で置くことが可能である。涵養井戸は、また地下水圧力の高まりを生成させ、海水の浸入を防ぐ目的でも使用される。涵養井戸の4つのタイプを図2.6と図2.7に示す。(1) 1帯水層の涵養に単孔式涵養井戸1本を使用した場合、(2) 2つの隔離した帯水層の個別涵養に複式涵養井戸を用いるケース、(3)複合涵養揚水併用井戸（ARS型井戸）、(4)帯水層の複数深度での涵養を行う多点式涵養井戸。

　水平な放射状集水井戸（ラニー井戸またはいわゆる「満州井戸」）は、注入用として使用されてきた。集水は大口径のコンクリート製ケーシングを地下水位面まで送り込んで行う。垂直ケーシングの底で、10mないしそれ以上の長さの多数の横穴を放射状にボーリングする。揚水によりこれらの水平ボーリング孔を仕上げたあと、一般の注入井戸の場合と同様にボーリング孔から注入を行う。

　涵養井戸の運用上の課題は詰まりやすいことで、高額な費用のかかる前処理や定期的な揚水、水中に溶存する固形物の除去のためには再仕上げが必要になる。

2.5.2.1　涵養揚水併用井戸（Aquifer Storage and Recovery〈ASR〉井戸）

　人工涵養で実用性が高まっているのが涵養揚水併用井戸である。この井戸は涵養井戸と揚水井戸を組み合わせたものである（図2.7）。余剰水があり、水質がよい時に涵養・貯水し、水が必要な時には揚水する。数日・数週・数カ月という涵養揚水併用井戸の短い揚水期間は、水中にたまり始める溶存固形物を除去する効果があり、涵養井戸によく見られる目詰まりは、ここではあまり問題にならない。涵養揚水併用井戸の典型的な用途は飲料水の季節的・長期的貯留である。水需要が冬よりも夏（もしくはその反対）大幅に上昇する地方や、年間を通して水の供給量や水質が一定していない地域で利用される。そのため、ここでの飲料水処理施設は、ピーク時ではなく、より平均的な水需要に合わせて設計される。季節的な余剰水は涵養揚水併用井戸により地下に蓄えられ、乾季には井戸からの揚水を水処理施設に送り、処理水の産出量を増やすようにする。初期涵養を飲用水で行えば、揚水後に必要な水処理は殺菌のみとなる。年平均需要に基づく処理能力を有する処理工場と余剰水を貯水し、ピーク時に揚水して需要に応える涵養揚水併用井戸を組み合わせた設備費用は、ピーク需要をまかなう能力をもつ処理施設を涵養揚水併用井戸なしで設備する場合よりも少ないのが一般的である。

涵養揚水併用井戸は、飲料用ではないが質のよい水や、下水処理水・未処理の地下水や地表水を含む他の水源からの水の貯留用にも利用できる。この貯留水は、揚水後、灌漑・湿地の維持・基底流量の維持などに使われ、衛生基準を満たしていれば、都市用水の処理施設にも送られる。この水はまた涵養揚水併用井戸により、汽水を含む帯水層に送り込み貯留することも可能である（Pyne, 1995b）。ただしこの場合、涵養時に涵養水と地下水の混合を最小限に抑制することが実施の条件となる。

　取水井を涵養井戸もしくは涵養揚水併用井戸に転換するのは魅力的なアイデアである。しかしながら、転換しようとする井戸は、細部の構造が適切であること、水理地質条件がよいこと、土壌・水質特性が好ましいものであることなどの条件を満たすものでなければならない。涵養水の水質の適合は絶対条件である。水質が不適な場合は障害を引き起こす。化学物質・微生物の成長・混入空気・懸濁物質などによって井戸が詰まり、作動不能になるからである。取水井を涵養井戸に転換するには、配管やその他の付属装置の変更が必要になる。

2.5.2.2　乾式井戸からの涵養

　乾式井戸（Vadose zone〈dry〉well）は不飽和帯を掘り抜いたボーリング孔で、通常、深さ10～50m、口径1～1.5m、センターパイプとパイプと掘削した孔の壁との間の環状スペースからなり、このスペースを砂で埋めて完成する。この井戸は、従来、比較的雨量が少なく洪水下水や合併下水設備のない地域での、洪水流出"処理"用として利用されてきた。この種の涵養では、洪水流出水に望ましくない固形物や化学成分が含まれている場合、あるいは、井戸が貫入した不飽和帯側の流入受け入れ速度が十分でない時に問題が生ずる。地下水が深いところにある（たとえば100～200m）場合、浅い乾式井戸は涵養井戸に比べはるかに低コストですむ。そのため、このような地域では深層の地下水面まで掘り下げなければならない涵養井戸の代わりに、浅い乾式井戸を用いて地下水涵養を行う試みがされている。涵養水の水質が高ければ、この試みは成功すると思われる。しかし、乾式井戸には目詰まりがひどくなると廃棄し、そのつど新設しなければならないデメリットもある。乾式井戸は従来から地下水の涵養に使われている涵養ピットや涵養シャフトとよく似ている。涵養効果を高めるためには、これらの井戸を透水層にいたる十分な深さにまで貫通させることが肝要である。Zanger（1953）は、不飽和帯の土壌物質の透水係数、井戸の口径、および井戸の中の水深に関連して、涵養速度を予測する算式を考え出した（Bouwer, 1978）。この式によれば、かりに乾式井戸の口径1.2m、水深30m、土壌の透水係数1m／日とすれば、予測涵養速度は1570m^3／日となる。ただし、堆積した井戸の沈殿物の除去がかなり難しいので、実際の涵養速度は井戸周辺の目詰まりの影響を受け計算上の数字よりも小さな値になる。

2.5.3 付帯施設

　主要構成物の他に、涵養事業には多くの付属設備が必要である。排水口施設・バイパス管および水路・道路・垣根・小型ポンプ・取水施設・調整弁・測定機器・遠隔操作装置・涵養事業を効率よく進めるために必要なコンピュータ制御による各種装置など。

2.6　諸課題

　地下水涵養施設の計画・運用・維持の各段階において遭遇するいろいろな課題がある。これらの問題が何であるか、あるいはそれらに対してどんな解決策が可能なのか、ということを知っておくことは、諸施設の設計を行う上に重要である。本書の全情報、とりわけ10章は概念設計を展開するに際し事前に把握しておく必要があり、また実設計に入ってからも、再度参照し検討していくことが望ましい。人工涵養事業の遂行中に、事前の知識が十分であれば避けられたはずの問題の発生はあまりに多いのが実情である。

2.7　概念設計

　人工涵養施設の概念設計とは涵養施設の計画を記述することであり、もし前処理や後処理施設を必要とするならばそれらをも含めて記述する。さらに、施設の運用方法、あるいは環境の全体像についても概要を記す。構想手順は、まず、たくさんの計画案の検討から始める。これには一切手をつけない案も含める。つぎに代替案を個々に検討し、相互に比較し合い、有効なものだけに絞っていく。最も実現性の高い有望な案を選び出し、実設計の段階での詳細検討に付す。

　案に盛り込まれた涵養手順の情報と確定された数箇所の候補地点の特性などを整理し、候補地別に長所と短所が把握できるようにまとめる。これに基づき涵養方法と候補地の組み合わせ案を作成し、涵養目的の達成能力について査定できる概念計画を作成する。概念計画は最終的な涵養・揚水施設の全般的なレイアウト・プランで、概念計画の確認のために必要となる試験施設についての詳しい説明を付記する。また、池・堤・涵養揚水施設・配管・ポンプ・建物・制御装置・その他の施設の位置および寸法を、比較検討あるいはコスト概算の算出が可能な程度に記入する。コストの見積もりには、涵養水・揚水のそれぞれの単位量当たりのコストも含める。かりにピーク時の水の供給能力の拡張が事業目的のひとつであるなら、その拡張に要する単位費用

を算出する。

概念計画の一大要素は、既存の土地や施設が利用できるか、または、別施設を新設しなければならないかの判断である。通常、採石場・砂利穴・廃棄井戸・その他この類の施設がよく利用される。ことに試験計画ではこうした既存施設の利用は多い。既存施設は必ずしも適切な位置にあるわけではなく、また、涵養目的に適さないこともある。目的に適っていない既存施設を使うために、事業目的を歪曲するような妥協は避けるべきで、毅然とした判定が常に大事である。涵養施設が重度の目詰まりを生じ、一度事業への支援が失われたなら、もっと投資があれば必ず成功すると力説しても、支持を取り戻すことは難しい。放棄された既存井戸は涵養や揚水には使用できない場合が多い。これらの井戸のほとんどは構造上や使用年数・水質上に問題があり、そのために放置されているからである。どの問題も涵養事業を成功させるためには妨げになる。既存の池や井戸を試験用に使用する場合は、涵養事業の運営に好ましくない影響を及ぼすおそれのある既存施設の設計・建設上の欠点を明確にし、可能ならばそれらを是正し、使用の際には十分な注意をはらうようにする。古い砂利穴は他のピットからの物質を集積していたことも考えられ、側壁や底面が細粒物質で目詰まりしている可能性がある。周辺も砂利が掘り尽くされ、ピットの側壁や底面と同様に透水性が低くなっていることが予想される。

2.7.1 地表浸透の概念

指定された設計流量に対する土地の所要面積を最小にする、あるいは指定涵養システムの水理的容量を最大に引き上げるためには、浸透速度と水理的負荷率を最大にすることが必要である。後者はふつう、システムの拡張が困難な都市域で既存システム（池やその他の地表浸透施設）が高まる涵養や土壌帯水層浄化の必要性に対応してとる方策である。沈殿除去やその他の前処理工程をいかに用いれば目詰まりを低減させることができるか、いかにして池の最適水深を判定するか、そしていかなるスケジュールで湛水・乾燥・清掃を行えば長期間最大限の水を地下に涵養することができるかが、まず対処すべき難問となろう。流量調整がされていない水源、たとえば季節的な高水を特徴とする永久・間欠河川などの涵養システムは、ピーク流量に対応可能な巨大な容量を必要とする。また、涵養池は浸透を継続させるために、古い砂利採取地のように十分に深くなければならない。この池が浅く池の総容量がピーク流量を扱うのに不十分な場合は、ダムやその他の地表貯留設備を用意して短期間に集中して流出する水を蓄え、これを緩やかな速度で浸透池に放出し、地下水の涵養にあてるようにする。

帯水層の透水係数が大きい場合、池や井戸による涵養システムの浸透速度は涵養地点周辺の土壌や帯水層に大きく左右される。設計が適切であれば池の涵養速度は土壌

と水の界面における浸透速度によって判定できる。時間の経過とともに土壌―水の界面に生物的・非生物的目詰まり物質が堆積し、浸透速度は次第に減衰する。透過率が低い帯水層を含む地域では、(土壌を透過する)浸透よりも横方向の移動のほうが浸透速度により大きく関与する。

　浸透速度は水面の単位面積当たりの水の体積浸透量である。地表水の出入りのない池での浸透速度は、池の水面の降下速度に等しくなる。浸透速度の共通単位には、m／日・cm／日・ft／日を用いる。浸透池では定期的な乾燥と清掃を(毎週・毎月・毎年・数年毎)行う必要がある。そのため、乾燥期間を含めた浸透速度は湛水期間中の平均浸透速度よりも小さくなる。この乾燥期と清掃期を含む長期浸透速度は、水理的負荷速度と称されている。洪水期間中の河道内・河道外システムの浸透速度は目詰まりの影響も考慮しておよそ0.3～3m／日になる。年間を通して稼動し定期的に池底の乾燥と清掃を行う涵養システムの場合、水理的負荷速度は通常30～300m／日になる。水面や地表からの蒸発速度は、寒冷・湿潤気候で0.3m／年以下、温暖・乾燥気候では2.5m／年以上となる(アリゾナ州フェニックスでは1.8m／年)。このように浸透施設からの蒸発による水分の損失は地下に浸透する水の総量に比べてはるかに少なく、ほとんどの場合無視してよい。池底に沈殿物や他の目詰まり物質(10.7.5)による過度の堆積がない、さらに地下水の水位が低く浸透作用に影響を及ぼさない程度まで十分下がっている場合は、土壌の垂直透水係数とほぼ等しい浸透速度を得ることができ、砂質ロームで0.3m／日、ローム質砂で1m／日、細砂で5m／日、粗砂で10m／日、小砂利で20～50m／日となる。砂礫の組織の透水係数は、砂または礫のみの場合より小さくなる(Bouwer & Rice, 1984；1989)。

2.7.2　土壌帯水層処理過程(土壌浄化)

　上部土壌層と帯水層に水を通す土壌帯水層浄化方式による処理は多様で有益な水質変化をもたらす。多くの過程で繰り返しの利用が可能であり持続可能の特徴を備える土壌帯水層浄化方式では、脱窒素、微生物の除去と分解、生物分解性有機物質の分解と鉱物化、ある種の合成有機物質の揮発などが行われる。しかしながらこうした作用が行われる間、土壌帯水層浄化システムには、金属・燐酸塩・弗化物・扱いにくい有機化合物などが、吸着や沈殿またはその他の「不動化」により、緩慢ながらも徐々に集積していくものと思われる。これらの集積が土壌帯水層浄化システムの長期的性能にどのように影響するかについては、今後詳しい調査が必要である。土壌帯水層浄化システムの有効寿命は非常に長いが(数十年もしくはそれ以上)、異なった汚染負荷をもつ複数の水を長期間使用した場合、何が起こるのかいまだよくわかっていないのが実情である。したがって水源として使用する下水処理施設への流入やそこからの流出を含む土壌帯水層浄化システムを運用する際には、モニタリングを徹底し、必要に

応じてさらに前処理を実施するなど、望ましくない結果を防止するための対策を速やかに実施できるようにしておくことが必要である（10.7.14および10.8.5）。

2.7.3　涵養井戸の概念

　地表浸透システムによる地下水涵養はつぎのような場合、経済的な実現性に乏しい。
・未使用の土地が利用できない、もしくは高価である
・透水性のよい表面土壌が使えない
・不飽和帯が制限されている
・浸出性の望ましくない化学物質がある
5 帯水層の上部に水質の悪い水がある
・帯水層が被圧されている

　これらの条件により、地下水涵養は涵養または涵養揚水併用井戸により行うのが妥当である。この場合の井戸には、既存の水源井（逆向きの流れ／計量にも対応できるように配管を改良したもの）、涵養を目的として掘削された井戸、涵養揚水併用井戸、乾式井戸などがある。涵養しようとする特定の帯水層の上部に被圧層がある場合は、その層を通して井戸を掘削し直接的に水理結合させれば、こうした層も容易に涵養することができる。複数の帯水層の同時涵養も帯水層間の水理的独立性を維持しながら行うことが可能である（図2.6、図2.7）。

　井戸本体と水源を除く涵養井戸の構成要素は、井戸外部の給水システム、井戸内部の給水システム、流量測定器、流量調整弁、注入水頭測定装置、および必要に応じ付帯される前・後処理施設などである。

　地下水涵養井戸に供給する水は、処理済・未処理の湖水・河川水、地表・地下水源から引く飲用水、処理済下水などいずれでもよい。涵養井戸のろ過床の性質上、井戸による涵養水はかなりの程度の前処理を必要とするが、この処理は涵養速度を維持するためだけではなく、涵養水の水質を帯水層にある水の質に合わせるために行われるものでもある。

　涵養井戸の浸透速度は、大小の透水性をもつ層が互層する地域で最も高くなる。こうした地域では、井戸は鉛直方向を制限している透水係数の低い細粒物質からなる地層を避け、高い水平方向の透水係数と透過性をもつ帯水層をうまく利用することができるからである。井戸は単独でも高い浸透速度をもつことが可能であるが、一涵養施設は、ふつう複数の井戸で構成される。複数の場合、井戸の相互に与える影響を計画段階で考慮する必要があるが、その多くは先行試験で確認され、最終的に涵養井戸現場で運用されるまで確定できないであろう。これまでの経験から涵養井戸は継続的な水処理（ろ過など）と定期的な再生管理・維持管理を要するものであることがわかっ

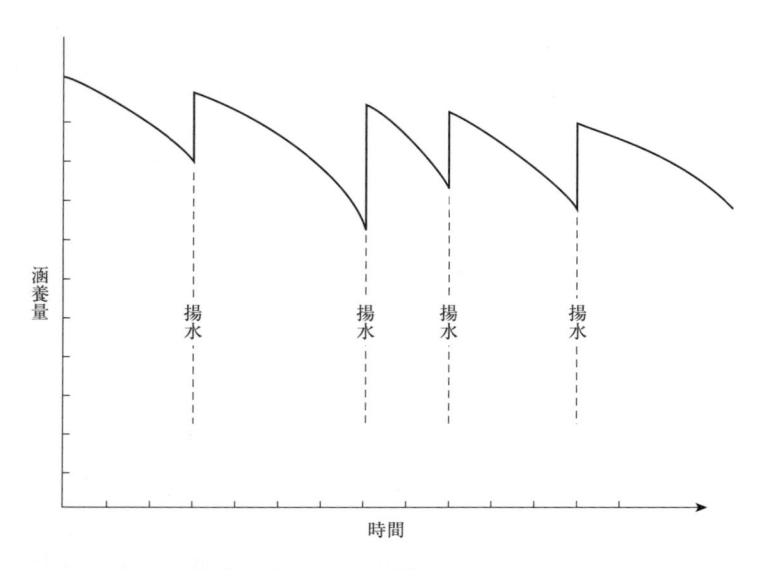

図2.8 涵養井戸における揚水の影響

表2.1 稼動中のASRサイトにおける逆洗頻度

サイト		逆洗	地質
Wildwood	ニュージャージー州	毎日	砂質粘土
Gordons Corner	ニュージャージー州	毎日	砂質粘土
Peace River	フロリダ州	季節毎	石灰岩
Cocoa	フロリダ州	季節毎	石灰岩
Palm Bay	フロリダ州	毎月	石灰岩
Las Vegas	ネバダ州	季節毎	沖積層
Chesapeake	ヴァージニア州	2月毎	砂
Seattle	ワシントン州	毎週	氷河性堆積物
Calleguas	カリフォルニア州	毎月（ほぼ）	砂
Centennial Water & Sanitation District	コロラド州	毎月	砂岩

ている。数日・数週・数カ月毎の数分間の揚水は、目詰まりの進行プロセスを逆行させる（**図2.8**）。再生のための揚水頻度は、涵養揚水併用井戸の置かれたサイトにより異なる。**表2.1**（Pyne, 1995a）は稼動サイトの数と代表的な再生管理頻度を示している。

不圧帯水層中の涵養井戸の実涵養速度は、目詰まりの影響や再生期間中の涵養時間

ロスのために予測涵養速度よりも小さくなる。対象サイトにおける注入速度は、採取井から得た情報、あるいは当該サイトに掘削した試験井のデータをもとに算出する。不圧帯水層中の井戸の比涵養量は、一般に比湧水量のほぼ半分程度であるが、20〜100％の範囲内となろう。

　自由水面状態で地下水面と地表面の間が多孔質である場合の涵養井戸は、条件によるが地表浸透池と経済的に競合できよう。設置所要面積が最小限であるという経済性に加え、涵養井戸は既存の主要な送水施設に沿って設置することも可能で、そうした場合は増設する送水施設の延長距離や規模が減少しよう。あるいはまた、道路上や公用地上、もしくはその近傍に配置すれば、さらに土地費用を節減することができる。

　水供給・涵養・涵養揚水併用井戸の設計は工学技術の知識と経験を要し、決して単純・容易な仕事ではない。十分考えず短時間で作成した計画による設計は、結局、信頼性に乏しく性能の低い井戸をつくることになる。概念設計の段階で、掘削方法・ケーシングの種類・穴あけ・スクリーン・砂利充填・使用ポンプなどについて全般的な考察をする。調査の予備設計段階に入るとこれらの各項目について、より特化した選択と判断が必要になる。

　涵養や涵養揚水併用井戸における帯水層への送水では、圧力をかけて強制的に大きい速度で給水するという魅惑的な方法は避けなければならない。この方法は目詰まり層を押し固め浮遊粒子を地層中に追いやり、その結果井戸の再生を困難にするからである。注入時の水頭を低くし頻繁に揚水することは、長期間良好な稼動状態を保つ上に有効である。

2.7.4　処理下水を使う涵養の概念

　処理下水や水質のよくない水を涵養に用いシステムを涵養と揚水の双方を目的として設計し・運用している施設では、前処理・土壌帯水層浄化・後処理の適切な組み合わせが大事である。処理下水を地表涵養に使う場合は、一次処理に二次処理を加えるなどの十分な前処理が必要である。こうしたことは合衆国では一般的に実施されている。しかし地域によっては、地下水と帯水層の水質を長年脅かし続けている化学成分を除去するために、さらに追加的な処理をしなければならない施設もある。

　飲用地下水源の質の低下の心配のないところでは、一次処理とろ過だけの処理で十分であり、むしろこれらに限定するほうが有益でもある。経費の節減になるだけでなく、原水に含まれている高レベルな全有機炭素（TOC）が、土壌帯水層浄化システム中でより効果的に非溶解性のTOCを二次利用や相互代謝により除去し、またより多くの窒素分を脱窒作用により低減させるからである。一次処理では、最小限、懸濁物質の除去をしなければならない。加えて、栄養素（硝酸塩および燐酸塩）・有機炭素・微生物の除去も必要である。処理下水やその他低質の水はまず涵養に使用され、

つぎに飲用水として使われるようになった。このような利用は、供給する水に十分な前処理を行い、帯水層の条件（井戸の隔離・地下滞留時間・天然地下水との混合など）が適合している場合に実現する。

土壌帯水層浄化後、帯水層から汲み上げられた下水は、通常ほとんどすべての非飲用の水質条件に適合し、野菜や果物の生食用農産物の灌漑用水、あるいは公園・遊戯場・ゴルフ場・運動場・私有地などの都市灌漑用水として利用される（Bouwer & Rice, 1989）。また揚水後、飲料用水質基準（主として殺菌）に合うように処理するか、あるいは天然の地下水と適切に混合することができれば、飲用水としての使用も可能である。アメリカ科学アカデミーのサイエンスレポートは、下水処理水で涵養した帯水層からの水を飲用に使用することに対して慎重な容認記事を掲載している（NRC, 1994）。下水処理水で涵養した地下水を飲用している地域の伝染病研究では、健康に悪影響を及ぼす証拠を提出するにいたっておらず、むしろこの涵養を幾分是認する結果になった（Nellor *et al.*, 1984 ; Sloss *et al.*, 1996）。アメリカ水道協会は下水処理水の間接的利用（使用前にまず地表か地下へ流す）を是認している（McEwen & Richardson, 1996）。こうした利用には、徹底したモニタリングと保健機関による規制が必要である。下水処理水を原水とする地下水を農業用または飲用にする場合の適合条件は世界各地で異なっており、未解決の論争を抱えている地域も少なくない。涵養地域や地下水の特性に悪影響を及ぼす化学成分の堆積など、解決しなければならない問題は多い（Bouwer, 1997 ; Lee & Jones-Lee, 1993 ; NRC, 1994 ; McEwen & Richardson, 1996）（10.7.8）。

都市下水処理施設からの排出水に規制外の病原性有機物質（腸内ウィルス・原生動物嚢）や危険で有害な化学物質が含まれており、それらが地下水涵養に害を及ぼす可能性がある時は、地下水質を守り涵養の運営の長期安定化をはかるために付加的な処理が必要となる。この問題については別に詳しい報告書があるので参照されたい（Lee & Jones-Lee, 1995a ; 1995b ; 1996）。

合衆国において下水処理水を井戸涵養に用いるにはさらに高度な下水処理（AWWT）を必要とし、涵養前に、飲料水質基準を完全に達成しておくことが必要となる（Johnson, 1981）。他の国では、帯水層中の地下水とその最適な使用法に考慮がはらわれ、さらに涵養水の水質とその水質を維持するための前処理要件を、いかに公共と環境の利益に最もよく適うように調和させるか、ということが最大の関心事になる。

井戸へ注水する際には、事前に塩素処理もしくはその他残留効果が期待できる殺菌処理を行い、井戸内での生物活動を最小限に抑制する。これは、井戸周辺の目詰まりを防止するだけでなく、帯水層を通しても水質は改善（帯水層処理）されないとする概して保守的な考えに基づく規制要件を満たすためにも必要である。下水処理が逆浸透（RO）を含んでいる場合には、水のTDS濃度が小さくなり、腐食性と活性が低く

なる。この場合の水と受け入れ側である帯水層との間の地球化学的相互関係については十分理解を深め、水が、鉱物中やその他帯水層の固体相から、最終製品としての水に望ましくない化学成分を移動させていないことを確認する必要がある。涵養水を揚水した際、望ましくない水質の出現を避けるためには、涵養の前にRO処理後の水を、高濃度TDSを含む水と混合するか、または石灰処理などの方法で安定化させることが必要になろう。下水処理水を飲用水帯水層に涵養した場合は天然の地下水との混合も必要になろう。他の水源からの水の使用による目詰まりはその水源からの水を高度に処理することで軽減させることが可能である。

　下水処理水を地表涵養に用いる地域では帯水層からの水を飲用水とするにはさらに前処理が必要となるが、土壌帯水層浄化に追加前処理を合わせた費用は下水処理施設からの排水を直接飲料水にする下水処理施設一式よりも安価である。加えて、土壌帯水層浄化方式は、高度な下水処理によってつくり出された再生下水を張り巡らす際にパイプ間の接合部を破ることがないという点で優れており、ひいては美的感覚を増し、リサイクルされた水を飲料水として人々に受け入れやすくする。後処理、つまり土壌帯水層浄化により懸濁質の濃度や濁度が低い状態となり、病原菌もほとんど除去されたあとの処理としては、殺菌が最も効果的である。そしてその方法は、殺菌による副産物の悪影響を最小限に止めることができる紫外線照射が最良と思われる。浸透前に作用の穏やかな塩素殺菌を行えば、土壌帯水層浄化による残存病原菌の除去を誘発し、飲用水以外の利用ならば後処理の消毒も不要となる。

　土壌帯水層浄化の有効性についてはさまざまな論議がある。土壌のタイプや鉱物組成により有効性の変動が大きいことを理由に反対する意見もある。地下水中を搬送される腸内ウィルスの能力からすれば、土壌帯水層浄化による病原菌除去や糞便性大腸菌基準で殺菌効力を判定するようなことに頼らないことこそが重要である、とする意見もある。他方、土壌帯水層浄化のための最適な前処理と地方自治体が規制によって要請する前処理とでは相容れない点もある。また、一般の人々は、「実証された利用可能な最高の制御技術（BADCT）」を求め、望ましい処理レベルが達成されていることを保証する適切なモニタリングが行われることを望むであろう。

　ローカルな土壌条件は地下水涵養システムと土壌帯水層浄化にとって、必ずしも適したものばかりではない。しかし下水を地表浸透させて行う地下水涵養には、各地でなお高い関心が寄せられている。とくに下水の地表水への排出規制が厳しくなる一方の地方の小さな町では、規準を遵守するにも高額の費用がかかり、その点から見れば地下水涵養と土壌帯水層浄化は経済的にも環境的にも、かなり魅力的なのであろう。地方の町の下水流量は比較的小さいので、浸透システムに要する土地の費用もそう高額にはならない。まず、到達かつ持続可能な浸透率を査定するために十分なサイト調査が必要になる。この調査はまた、不飽和帯に粘土やその他の透水を妨げる層がないか、基盤が浅くないか、あるいは下層の水理伝導率は十分か、そして施設の運用が飲

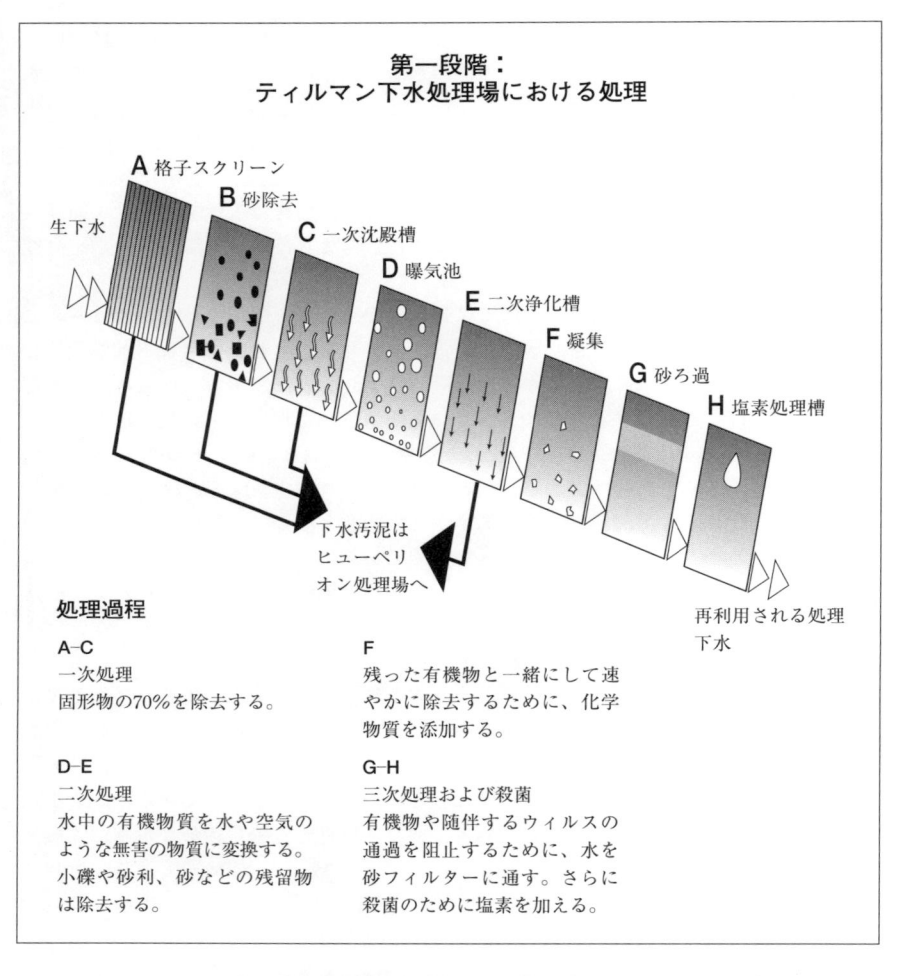

**第一段階：
ティルマン下水処理場における処理**

A 格子スクリーン
B 砂除去
C 一次沈殿槽
D 曝気池
E 二次浄化槽
F 凝集
G 砂ろ過
H 塩素処理槽

生下水

下水汚泥はヒューペリオン処理場へ

再利用される処理下水

処理過程

A–C
一次処理
固形物の70%を除去する。

D–E
二次処理
水中の有機物質を水や空気のような無害の物質に変換する。小礫や砂利、砂などの残留物は除去する。

F
残った有機物と一緒にして速やかに除去するために、化学物質を添加する。

G–H
三次処理および殺菌
有機物や随伴するウィルスの通過を阻止するために、水を砂フィルターに通す。さらに殺菌のために塩素を加える。

図2.9　水処理施設における処理の流れ

料水の地下水源やその他地域の公益を損なうことはないか、を確認するためのものでもある。調査には不飽和帯における原位置での透水係数の測定と、比較的広い試験池（最小0.5ha）での深層浸透テストを行う。テストでは長期の浸透率の変化と、湛水・乾燥サイクルをさまざまに変えた場合の影響についての評価も行う。宙水帯検出用のピエゾメータを宙水該当層と思われる範囲であろうと思われる場所に設置する。測定した地下水のマウンドを計算で求めた地下水面の上昇量と比較して浸透池と帯水層と

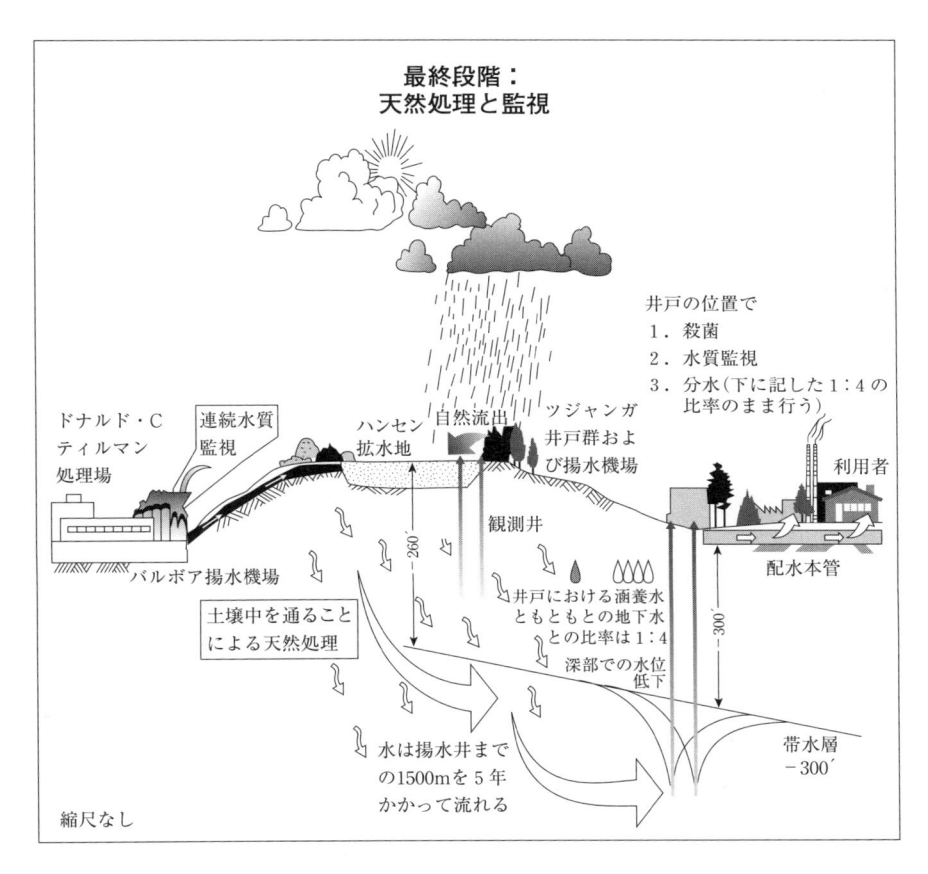

図2.10　下水涵養システム

の間の透水係数を確認する。

　カリフォルニア州ロサンゼルス市の設計による下水涵養施設を**図2.9**（処理系列）、**図2.10**（全体図）に示す。

　下水処理水を用いた涵養施設の処理上の利点は、時に涵養の主目的になる。こうした場合の施設は、土壌―帯水層処理システム（土壌帯水層浄化）に揚水機能を付加し、再揚水された地下水は農業用／水道用としてフルに活用できるようにする。浸透池と揚水井を系統的に配置して地下水の全面的な揚水を可能とする。こうして、浸透した下水処理水は、もともとあった地下水も少量は混じることになるが、揚水井戸群によって残らず採取される。望みどおりのレベルの処理が行われているかどうか、モ

ニタリングを適宜行い確認する。このシステムは、三次処理水を排出させるために必要な施設内ろ過・殺菌工程の経済的な代替案として利用されている。

2.7.5 サイト（場所）条件

地下水の涵養・揚水施設は、帯水層中の透水性の高い部分へ到達が可能なところに立地する。さらに、水質の低い地域から相当に離れた場所が望ましい。もちろん、施設の目的が低水質地下水の隔離や改良にかかわる場合は別である。また、涵養揚水併用井戸の立地は、例外的に低水質の帯水層に向けて掘削する。

2.7.5.1 サイト（場所）周辺の条件

施設の用地は、井戸の掘削地、維持管理のための設備、材料・物資の貯蔵庫、殺菌・ろ過などの処理施設などを収容でき、さらに周辺に及ぼす騒音が受忍可能な程度にまで減衰できる広さであることが望ましい。騒音の許容度については、州・地方の法規や条例で規制されていることが多いので、適法にしたがう。人工涵養の運用に影響を及ぼす可能性のあるサイト周辺の状況としては、水質を損なう汚染源の存在、隣接井戸の存在とその使用、涵養サイトからの悪臭・昆虫・騒音の影響を受け得る都市やレクリエーション施設の存在、構造単位の上昇が懸念される100年確率氾濫原内、もしくは地下水のマウンドの影響を受ける可能性のある施設の設置などがある。基礎構造が地下水のマウンドを助成している懸念がある場合は、地下室や建物基礎など、地下の構築物への影響をも考慮する必要がある。

2.7.5.2 地表・地下条件

地表・地下条件は、2.4.1に掲げる水理地質項目の内該当する項目についての評価によって決まる。浸透システムの用地は透水性をもつ土壌（砂、礫混合・砂・ローム質砂など）でなければならない。巨礫や大礫で覆われた土壌表面は、涵養の間に集積する細粒物質の除去が困難なので、一般的には避けたほうがよい。浸透試験や異なった深度におけるや透水係数の原位置測定（土壌ボーリングまたは井戸掘削中のサンプリングによる）はデータの収集に欠かせない。浸透試験もしくは地下試料の室内試験の結果にしたがって、そのサイトの相対的水理的負荷率が決定される。これらの情報によりシステムの容量と土地要件を予測し、全面的な設計、および管理基準を制定していく。また、不飽和帯を調査して、障壁となる該当層が存在しないこと、望ましくない化学物質が浸透水により浸出あるいはより下層の地下水へ搬送されていないことを確認する。該当層の有無の調査や深度毎の帯水層の水質と組成（コアサンプリング）を得るためには、試験孔を掘ることが必要になる。事業の運用が飽和／不飽和帯中の化学物質を浸出させるおそれがあると予測される場合は、先行調査を考える必要があ

る。地下水の深度を求め、地下水面が浸透作用に制約を与えない深さまで下がっていることを確かめることも必要である。また、帯水層の透水量係数を予測もしくは測定して、浸透システムの下部で地下水マウンドが異常に上昇することを防ぐに足る十分な大きさの透過率であることを確認する。涵養システム下のマウンドの形成は数学的モデルを使用しての予測が可能である。帯水層は汚染地下水帯を含むものであってはならない。帯水層のどの部分であっても涵養流システムにより揚水地点に向って流れるからである。涵養井戸を使用する場合は、帯水層での涵養深度の間隔を決め、また周辺井戸所有者による当該帯水層の使用の有無とその位置を確認しておくことが必要である。

2.7.6 法制上の要件

地下水人工涵養の方法を考え、涵養施設の候補地を査定する際には、環境と隣接する土地／建物に与える影響を検討する必要がある。既存のものに替わる事業を進める際は、準拠すべき特定の規制（5、6章）について十分検討する。管轄区域が異なれば、異なった状況・概念・手順に基づいて法や規制が制定されていることを、まず認識しておく。管区によっては要求内容を最小限にとどめていることもある。規制の程度と内容をよく吟味し、それらが地下水質・環境・近隣の土地／建物・長期間の事業の運営などを守る上に十分であるかを確認し、不足があれば自主的に補遺することが望ましい。

2.7.7 サイト（場所）概念設計

制約はほとんどないに等しく、いくつか立てた目標もすべてたがいに対立することもなく達成されるというようなケースでは、計画は「ひとつ」立てれば十分であろう。しかしながら、多くの場合、目的はたがいに衝突し競合し、そのために、複数の代替案を必要とする。また、多くの代替案の検討を要請する他のファクターには、限られた資源・技術的設計上の制約・環境／地域社会の便益・経済／財務上の制約・住民の支持／容認・法律／慣習／行政上の制約などがある。

計画立案は繰り返しの多い工程である。この作業では、詳細部のほとんどがいまだ明確でない段階であるにもかかわらず、多様な観点からの計画をつくることが求められる。代替案は一切手をつけないという案も含めて個別に十分検討されるべきであるが、それぞれ将来のある時点、通常完成から10～50年後、での想定成果を視野にいれて評価を行うようにする。

2.7.7.1 計画案の検討

　計画案の初期リストを作成する際には、コストやその他の制約によって案のいくつかを早まって除外しないように注意する。というのは、実行不可能な計画案が、当初、住民の関心や支持を集める例が決して少なくないからである。不採用の案については実施の正当化もあわせて、検討内容を文書化しておくことが望ましい。計画案作成時には、事業の目標・ゴールに基づき、将来時間の範囲を設定しておく。設定した将来時間におけるそれぞれの案の成果を求めそれらを比較検討することは、計画案の便益性評価の一基準になる。

　候補地の目録作成、および予備調査で得られた地域の既存情報に基づき、最小限つぎのような項目を念頭に置き、概念計画を複数案作成する。
・帯水層の水理特性を含む、表面土壌と地下の特性
・地域の位置と規模
・地表／地下条件にあった施設のタイプ
・水源への距離
5 前処理を必要とする場合、その量
・水源の量と水質
・地下水の深さ
・可能な地下水貯留量
・地下水の水質
10 既存井戸の深さ／位置
・想定し得る規制上の課題
・想定し得る環境上の課題
・推定単位コスト
・想定し得る公共施設としての二次利用（公園・散歩道・野生生物保護地区など）

　対象地域が広大、あるいは複数の目的を目指す計画では、構成要素毎の小プランをたくさんつくる方式でもよく、その場合は要素の識別法を明確にしておく。数個の要素、つまり小プランをまとめて、さらに中プランを設けることも可能である。

　計画作成の初期の段階で、制約あるいは制約条件を個々に判別できるよう認識しておく。制約への留意に加え、追加供給要請時の計画から実行までに要する時間についても考慮しておくことが必要である。

2.7.7.2 公共への周知

　計画の初期段階で組織の採用を薦めた公共顧問団（2.1.2）は、小プランの作成、また計画の全体像をまとめる際にも重要な要素となる。公共顧問団は関係する地域の住民の多種多様なグループを代表する人々で構成されるようにする。公共への周知手順は、まず物理的・非物理的データの開示に始まり、事業のスポンサーが立案した計画

の考察に進む。つぎに、公共顧問団委員会による別案の提示、検討、前案との比較、と進めることが可能になる。事実に基づく住民教育も住民の誤解を防ぐための一方法である。住民の参加と公開議論は、計画案の現実的な修正・拒絶・受け入れとなって表れよう。

2.7.7.3 補足調査の選定案

さらに詳細評価を推し進めるには、全体リストに掲げた計画案を現実的な数に絞り込む必要がある。スクリーニング法は確定した目的に最適の計画案を選び出す一手段である。事業を実施しなかった場合の将来像（一切手をつけないという案）を描き、選択した計画案との比較を記述することが必要である。各計画案を、すべての案の制約事項・確定課題・事業目的・計画達成予測シナリオをリストアップした表と比較する。冗長で明らかに効率の低い不合格案はこの時点でふるい落とす。

計画案のスクリーニングは一切手をつけないという案との比較検討で行うので、最良案の判定には別の熟慮が必要である。物理的・非物理的要因の査定、および産出（効果）量・費用の見積もりなどのデータが追加調査に値する最適案の条件をリストアップしてくれるはずである。

2.7.7.4 追加データ要求の決定

概念計画案の選択にデータが不十分な場合は、さらに調査すべき案を決定する前に、必要なデータを追加収集しなければならない。

事前データが十分ないままに計画案を採択した場合は、現段階より1～2段階先の調査に追加データが必要かどうかをそのつど勘案しながら、作業計画と資金計画を立てて進むようにする。次段階の調査の一部は、追加データを収集する間に同時進行することもある。

2.7.7.5 概念計画報告

概念計画検討結果は報告書にまとめておく。報告書はつぎのような情報を含むものになるのが望ましい。
・後続調査事業
・使用データの概要と、データセットの所在一覧
・詳細調査対象案として選択された計画の構想概念
・公共顧問団から得た情報
5 各案の長所／短所の連関表
・予備設計に先行または並行して行われるべき追加データの収集と追加現地調査、および所要時間／コストの見積もりを含んでの実施勧告
・調査／解決されるべき、物理・自然、法制、環境上の諸課題

第3章 現地調査と現地における検証

　これまで各要素で見てきたように、地下水涵養事業の計画・設計・建設・運用・維持には実に多くの段階とおびただしい量のデータが必要である。一般的なデータへの取り組みは関心を寄せる地域について手近にある参考文献やデータを収集することに始まり、これらのデータの検討・要約、追加データの必要性の判断、現地試験を通してのデータ収集、そしてこれらの結果を整理しまとめ、解析する。こうした努力は数日から数年に及び、入手可能なデータ・事業の規模と位置・水供給の重要性などにより異なる。段階毎もしくは一段階の部分毎の結果をより正確なものにするために、現地試験・試験事業（4.1.5）・解析試験などを実施するケースもある。解析試験は計画案の比較評価や査定（2.2.7、4.1.8）の形、もしくは作業工程のさまざまな段階で行われるモデル化（4.1.4）などの方法で実施される。地表／地下地質の測定、涵養水の水源／地下水の特性調査を目的とした現地試験については、本章では詳しく触れない。しかしながら、この種の現地試験は、経験豊富な地質学者／技術者によって実施されるものとする。一連の試験の結果は、事業にかかわるデータ・結論・所見、および予備設計調査に進む前に行うべき変更・推奨事項を含む中間報告書としてまとめて提出する。試験事業（4.1.5）用建設作業からは、現地試験として以外の部分での、追加的な情報が得られよう。

　地表涵養事業用の現地調査に必要な施設は、単一の一時池もしくは異なった地質環境にある複数の池からなる。先行作業に確信がある時は、より永久的な池を最初から設置し、現地試験と試験事業の両方に兼用してもよい。地下涵養事業においてはひとつもしくはそれ以上の試験井戸が必要になるが、試験後の利用方法についても配慮しておく必要がある。地表・地下涵養について述べた概念（2.5.1、2.7）は、現地試験や試験事業にも適用する。

　現地試験および試験事業を行う候補地の選定では、試験結果を涵養地全体に当てはめて推定できるような場所を選定する。選択した試験地域の周辺に各種必要な計測／記録機器を配置し、連続的もしくは適切な間隔を置いて量と質を測定しその変動が観測できるようにする。

現地調査の中でも重要なのは環境評価のためのデータベースの作成である（2.4.3、4.1.8.2、6章、付録D）。この種のデータ収集は経験豊かな専門家の指導もしくは監督の下で行うものとする。追加データの収集を計画する、あるいは他の目的で現地試験を行う時は、その機会を利用して6.3に記すタイプの環境データを収集しておくことを忘れないようにする。地下水調査の間に利用可能な試験方法については、ASTM基準（付録C）に詳しい記述がある。

3.1　地表探査

　浸透能力を測定する計算方法については、いくつかの算式が教科書類に記載されている（Bouwer, 1978）。しかし、最良の結果をもたらすのは、実スケールの事業規模に可能な限り類似させた試験地で行う現地試験データである。長期浸透能力についての予備算定は、事業候補地で収集した地表傾斜・土壌型・地下地質などの踏査データをもとにして行う（ASCE, 1987）。最終設計の前に、浸透計や細かい実験手順を整えておくことが、より正確な涵養（浸透）速度を測定するために必要になる場合もある。

　涵養速度を直接測定する方法としては、リング式浸透計の使用が最も一般的である。単シリンダータイプのものでふつう十分な結果が得られ、ダブルシリンダーを使う必要はない。シリンダー型浸透計で得られる浸透速度に流量の拡散と濡れ深さ制限による補正を加え、広域の長期湛水のためのデータとして用いる。浸透計による測定は対象サイトのできるだけ多くの箇所で実施する。さらに正確な長期浸透速度を得るには0.5ha以上の試験涵養池をつくる。これらの試験機器／施設は、浸透池と地下水との間の不飽和帯の透水係数（制限層の不在確認）を求める際にも有用である。試験池には、流入量と浸透速度の測定用計器だけではなく、池の中の水面標高と池の周囲の地下水標高を測定するに十分な機器をも設備する。

3.2　地下探査

　地表下の地層および諸物質の分布状況は、涵養水の降下流路、難透水・半透水層上へのマウンド形成の可能性、さらに涵養池や井戸のレイアウト／掘削間隔などを判断する上で重要なデータである。地球物理学的データを得る方法を2.4.1に、井戸の掘削方法を8章に掲げる。累層と地表下地層にかなりの連続性があることがわかっている場合には試験回数を比較的少なくすることができよう。逆に、累層と地表下地層が不連続であると判明もしくは想定されるところでは多くの試験が必要になろう。

3.3 水理パラメータ

　透水量係数と比産水率は、孔内検層図（Van der Leeden *et al.*, 1990）により、また より正確には、単一の井戸または一組の井戸群の揚水試験データから算定することが可能である。被圧帯水層に涵養する場合は、透水量係数・貯留係数・漏水率・比産水率、それに可能ならば、比注入率の測定テストが必要になる。これらの値は、涵養水を受け入れる貯留容量、涵養水の流路・流れの範囲・流れの速度、これらに付随する地下水位の変化の測定にも必要である。使用する算式としては、ダルシー則、タイス、グルーバー・ハンタッシュなどによるものがあり、いずれも基本的な地下水理学の教科書にはほとんど必ず記載されていよう。USGSの出版物も、帯水層パラメータの設定や地下水涵養による地下水マウンドの上昇予測によく利用される。水源と既存地下水の水質に関する信頼性の高い基準データを入手することは最重要事項である（参照；ASTM D4043, D4044, D4050, D4104, D4106, D4696, D4700 D4750, D5126, D5254, D5269, D5270, D5472, D5473, D5737, D5753, D5777, D5786）。

3.4 水質

　掘削、揚水試験、および帯水層性能試験時に採取した予備の水質データを文書化することは、時間と費用の節減をもたらすが、このような試料には何を測定したものであるかを漏れなく記載しておくようにする。掘削中に採取したサンプルは掘削泥水やその他の物質による汚染があることが多いので、より信頼性の高いサンプルを、井戸の完成後に再採取する。水質と帯水層の性質が設計段階の前に十分わかっていない場合は、データの収集と解析計画の実施が必要である。涵養水の水源と地下水の質の高い基準水質データを得ることが重要である。

3.5 サイトと環境の価値

　土地調査を行い、地表および地表層部に有害であると懸念される物質、もしくは毒性化学物質、あるいは案件事業の影響を受ける帯水層間に通水を促すような廃棄井戸が存在していないかなどを確認する。
　つぎに現地調査を行い、計画サイトに生育する植物・動物種を確定する。希少種・絶滅危惧種の存在が確認された場合は、その種のタイプ・数量・分布範囲などを記録し、文書化しておく。

第4章 設計

　予備設計は実現可能性の調査ともいうべきもので、資源の評価および概念計画の一部として選択した計画案に基づいて行う。予備設計の結果は推奨計画の選択であり、その推奨計画は詳細調査に付されるが、そこでこの選択した計画は技術／工学・環境・経済的見地から見て十分な実現性をもち、また法的規制や水利権に十分配慮したものであるという評価を受け、最終設計として確定されるものでなければならない。

4.1 予備設計

　予備設計は、前段階で選定された計画案を詳細に設計し、各案の長所・短所の明示、費用の算定や相互の比較検討を可能にするためのものである。

4.1.1 地上施設の設計基準

　水源の量的変動が大きい場合は何らかの表面貯留が必要となる。洪水時、水源に大量の堆積物が生じるようであれば、流量の一部を迂回させるか、地表涵養の前に前処理としての沈砂池が必要になろう。浸透水はまず地表堆積物を通ってろ過され、その後に帯水層の湿潤部に流入していくようにしなければならない。一般に地表堆積物の目地が粗ければ粗いほど、浸透性の初期能力および継続能力は高くなる。

　水深20cmほどの浅い池は深い池よりも早く空になるが、深い池は浸透に役立つ側壁斜面を多くもっている。最大の浸透速度をもたらす池の形状と深さは、サイトの水理特性と池の配置により異なる。

　池タイプの涵養事業の目標は、総土地面積に対する湿地面積の比率を最大にすることである。既存池群の比率は75％が一般的であるが、都市域では90％に達する例もある。維持管理の状況も施設の利用度に幾分かの制約を与える。

　土地開発の進んでいない地域ではブルドーザーで現地の土壌を掘削して堤をつくり

上げ、斜面の充填や圧密をせずにすます例がよく見られる。しかし堤の漏水や崩壊が私有地に被害を与えるおそれのある都市域では、基礎と堤体の建設により慎重な注意が必要である。一般に、堤（バーム）は傾斜1.5：1、池内の水位から地表面までの間0.3〜0.9m、物質の圧密・池の規模・風向に応じて建設される。木枠製の堤の耐久性は10〜15年とされているが、より永久性の高い施設としては、コンクリート製にすることが望ましい。通常、堤の上には道をつけ、巡回や検査・操作・維持管理などに使用する。土堰堤・ゴム引布製起伏堰・フラッシュボードダムについては2.5で述べた。

複数の池をもつシステムでは施設全体の流入量と各池間の流量制御を適切に行わなければならない。堤のいたる所に設けられる適当なサイズのゲート付きカルバートは、堤や余水吐と同様効果的に用いられている。ただし下流側に面した部分に生ずる流れの侵食速度の高まりを防ぐような構造を考える必要があろう。余剰水を本流に戻す施設とその制御装置は事業サイトの下流端に設ける。各池は事業の最適運用を可能にするため、水理的に独立させることが望ましい。

4.1.2 地下施設の設計基準

涵養施設の運営責任者は井戸の設計基準に精通していなければならない。揚水井戸も涵養井戸も設計の基本原理は同じであるが、効率よい運用をするためには、井戸の設計、井戸の水頭、揚水や観測に替わり涵養を目的とする水を豊かに含んだ井田などについて、大きな違いがあることを理解しておくことが必要である。作動の物理的条件や故障のタイプが異なることも心得ておく。設計の知識は、容量の損失が発生した場合、その原因を突き止める上にも必要である。

地下地質と水理の把握は、適切な井戸の設計、さらには涵養事業を成功させるために必須条件である。帯水層の特性は、できれば試掘孔から採取したコアや井戸の揚水試験による試料の解析から特定する。粒径分布・間隙率・比湧出量・透水係数・透過率・貯留係数・漏水率などの測定も必要である。

各涵養井戸がそれぞれ独自の給水源をもつか、もしくは複数の井戸に共通な水源を用意する。供給源システムのひとつに供給水の流量を維持し所要涵養圧を提供するための加圧施設がある。この施設には増圧ポンプ型と減圧システム型があるが、基底の水の供給量により使用タイプを選択する。各井戸には遮断弁を取り付ける。この弁によって、全体のシステムを停止させることなく、当該井戸のみを稼動ラインから外すことが可能となる。ここでは、バタフライ弁もしくはゲート弁を使用するとよい。ボール弁は定期的に弁を作動させなければならないので不向きであろう。

各涵養井戸には流量の記録・調整用に個別の流量測定器を取り付ける。この装置は、また総流量の記録もできるものとする。実際には信頼できる圧力水系用流量測定装置であればどんなタイプのものでも十分使用できるが、特化された涵養事業の場合

は目的により選択を必要とするケースもあろう。グローブ弁は流量制御用として十分な適正をもつ。また、バタフライ弁は涵養井戸の流量調整用として従前より使用されており、おおむね満足のいく性能を示している。ロサンゼルス洪水制御管轄区では同管轄区による海水浸入防止事業で、差圧装置（流れ管とオリフィス板）を使い210本の涵養井戸の流量のモニタリングを行っている。井戸毎の個別の流量集計を必要としない場合は、固定の専用測定器よりもポータブル流量計がよく使用されているようである。ロサンゼルス郡の事業での経験によると、極度に少ない流量の調整にはバタフライ弁は幾分使い難く、グローブ弁は使いやすいと評価されている。

　井戸径の選定での留意点は、単一目的用涵養井戸の場合と、二重の目的をもつ涵養揚水併用井戸の場合とでは異なっている。涵養井戸のケーシングは、コンダクター管やその他井戸の中に設置するその他の施設を受け入れ、揚水・改修機器の設置用に十分なスペースを提供するに十分な大きさをもつものでなければならない。もちろん、井戸ケーシングが大きくなれば井戸のコストもかさむ。涵養揚水併用井戸においては、ケーシング口径はポンプを備えるに十分なものでなければならない。さらに通常、その他必要な孔内装置があればすべてここに収容される。

　同様に、涵養井戸と揚水井戸は深度が制約されている。すなわち一般的に、井戸が深くなるにしたがって単位深さ（m）当たりの井戸費用が増加する。費用の他には涵養井戸の深さを制約する明確な理由はない。井戸深度が地下水盆と涵養する帯水層の深さとに関係していることは明らかである。涵養揚水併用井戸におけるスクリーンを施した深度、すなわち開孔区間は、貯留水と天然水（もともとそこにある水）との混合の許容度、もしくは取水区間のどこかで遭遇する化学上問題となるような鉱物の出現の可能性に依存している。混合が制約されるところ（たとえば、水質に有意の差がある）では、貯留区間（域）を慎重に選定しなければならない。

　決められた場所へ掘削する井戸のタイプの選定は、揚水井戸の選択と同じ原則に基づく。涵養井戸は、累層の状態により、圧密化した地層内に開孔するか、もしくは圧密化が十分でない地層中に、天然／人工のフィルターパック（充填砂利）を設置する方式で建設される。フィルターパックの機能は帯水層物質の多くを層内にとどめておくことで、井戸スクリーンの機能はフィルターパックを保持するためのものである。フィルターパックとスクリーンの設計が適切でないと、井戸の目詰まりを増加させることになる。井戸スクリーンの設計はフィルターパックと関連づけ、累層の構成物質の粒径をもとにして行う。フィルターパックの充填材が細かすぎると、井戸まわりの未固結層の圧密化の進行を妨げ、目詰まりを増加させ、注入水に押されて地層中へ入り込むことにもなる。充填材が粗すぎると、仕上げが進行する間に地層の侵食を誘発するか、あるいは目詰まり物質が地層中に入り込み、井戸にとっては、再仕上げしようにも除去不可能なブロックを形成することになる。井戸のスクリーンレベルの地層試料をよく調べ、粒径分布を決めるようにする。フィルターパックの粒度を格づけ

し、その選択により地層から井戸への細粒物質の移動をコントロールできるようにするとよい。粒径の格づけが適切であれば、天然素材のフィルターパックを地層物質からつくることも可能になる。

フィルターパックは厚さ80mm（最小）から230mm（最大）のものが一般に効果的である。天然のフィルターパックを利用した揚水井戸では帯水層物質の30～60％が保持できるようにスクリーンの開口率を選び、人工フィルターパックを設置した場合は少なくともパックの90％が保持できるようにする。フィルターパックと帯水層の粒径分布図が平行線を描くようにし、さらにフィルターパックの充填材粒度のほうが粗くなるようにする。フィルターパック充填材70％保持粒径は、帯水層物質の粒度の4～6倍であろう。帯水層が細粒で均質ならば倍率「4」を用い、「6」はそれより粗く不均質な物質でできている帯水層の場合に適用する。

井戸の不適切な掘削や仕上げは、フィルターパックや周辺の地層中に掘削泥水を残し、透水性や井戸効率を低減させる要因になる。不適切な過剰仕上げは、地層中の細粒物質をフィルターパック内に引き込み、井戸の揚水・涵養能力を減衰させる。維持管理費用は事業の経済性を評価する際外せない要素である。設計には、必ず予想される維持管理上の問題の発生を避けるための手段を盛り込むようにする。

涵養井戸はこれまで、さまざまな水質特性をもつ涵養水を使用してきた。導入水、地表／地下水源からの処理済飲用水、処理済／未処理の河川水、下水処理水などが経験ずみであるが、供給元がどこであれ、涵養井戸から涵養に使う水は、すべて懸濁物質や混入ガスのない適切な殺菌処理を施されたものでなければならない。

"涵養（注入）水頭"という言葉は、水理水頭／圧力を表し、涵養井戸が地層中へ水を送り込むために必要なものである。井戸と帯水層界面との目詰まり傾向が最小の時、揚水井の水位低下を逆イメージしたものと考えてもよい。"注入水頭"は、注入井戸ケーシング内の静水面上の水柱の高さと定義できよう。これは、水が井戸から帯水層中へ移動する時に出会う摩擦損失に打ち勝つために必要な水頭である。水理損失には、コンダクターパイプ／井戸スクリーンへ続くポンプコラム内部における損失、井戸スクリーン通過時の損失、充填材質による損失、帯水層界面での目詰まりによる損失、帯水層中を井戸へ向う水の流速による摩擦損失などが含まれる。圧力水頭は全水頭の一部で、井戸の高さは含まない。

カリフォルニア州アラメダ郡水管轄区の記録には、水温が20℃から10℃に低下すると池の浸透速度が減少する傾向がある、と報告されている。注入水がもともとある地下水温より低い場合、同様の現象が注入井戸の水頭損失の増加という形で表れることが考えられる。これは水の粘性の変化によるものである。涵養水が帯水層中の地下水または帯水層それ自体で暖められるにつれ、この温度上昇がガス（空気）飽和濃度の顕著な減少をもたらし、その結果溶存空気が開放されることは、理論的に可能である。空気の開放につれ井戸直近の帯水層の間隙に気泡が詰まり、ブロックされる傾向

がある（10.7.2.3も参照）。いかなる場合も帯水層にかかる水頭圧は帯水層の破壊圧力よりも小さいものでなければならない。ただし、帯水層の破壊が事業の目的である場合はこの限りではない。

涵養水頭は、加圧層の有無・加圧層の強さ・井戸近傍の水浸し状態が地表設備に与える危害の範囲・溶存固形物を除去するための揚水による水位低下・その他特定の場所での特別な配慮により大きく制約される。実際の運営例を見ると、カリフォルニア州ロサンゼルス郡の海水浸入防止事業では、注入井戸の注入水頭を帯水層を覆う粘土質の不浸透性地層の推定構造強さを上回らないよう制限している。また、涵養揚水併用井戸の水頭は、ふつう揚水降下に制限し、周期的な逆洗によって井戸の詰まりを簡単に回復できるようにしている。

通常、涵養井戸のケーシング内の水位／ポテンシャル面は、一定量の涵養が続く限り累進的に上昇する。これは注入水頭の損失の明らかな増加を示している。注入水頭の変化率は"目詰まり速度"と称され、涵養井戸再生作業の必要頻度を示す目安としても使われている。涵養揚水併用井戸では、数日／数週間／数カ月毎に数分間井戸の揚水を行うのが再生作業頻度の通常パターンである。単一目的の涵養井戸ではより少ない頻度となるが、作業はより困難である。

4.1.3　計画案の定式化

概念設計段階で不足データの確認を行い、それらはこの段階にいたるまでに補足され修正されているはずである。すべての計画案を同レベルの正確さにまとめ上げておくことが必要である。ここでの「レベル」は、技術的・環境的・法制的・経済的な全要素をカバーするレベルを意味する。「確実なレベル」であるか「危ういレベル」であるかは、現時点のレベルで起きるエラーの影響に関連づけて検討する。すなわち、予備設計の段階でデータ収集が不十分であったか、もしくは不適切なデータを採用したことに起因して、最終設計を完成させることができないために予測される時間的／資源的損失の内容を、判断の基準とする。このレベルにおける調査の目的は、各計画案の相対的費用／便益／不利益を判定し、最終設計に進ませるべき最も確実で実現性の高い案をひとつに絞り込むことである。

4.1.4　モデルによる検証

涵養調査のこの段階では、コンピュータシミュレーションモデルを使用して検証を進めるのが望ましい。モデルとはある特定の目的のために用意した実状況を表現したものである（Konikow & Bredehoeft, 1978；1992）。地下水流は、物理的プロセス・地下水位・境界条件を表す方程式による数学的モデルで間接的にシミュレートするこ

とが可能である。地下水盆の水理地質および計画案の施設の複雑性により、モデルはシンプルにも、また解を得るためにコンピュータを必要とするほど複雑なものにもなる。

モデルは包括的・解釈的・予測的なものである（Anderson & Woessner, 1992）。モデルは、最小費用・最大効果・地下水貯留の最大利用のような目標を最適化する管理戦略を練るのに有効である。これは、時に異なった値を入力してシミュレーションモデルを繰り返し使い、試行錯誤的に行われることもある。しかし多くの場合、最適な解決法を得るためには最適化モデルが必要である（ASTM D5447, D5521, D5610, D5718）。

包括的なレベルでは、システムの仮想的な水理地質の理解にモデルを用いることができる。包括的なモデルを使ってシステムの力学や地表と地下水の相互影響／作用を調べるのは、その一例である。予測的ツールとして用いれば、ひとつのモデルで異なったシナリオ（計画）における将来のさまざまな状況を予測することができる。包括的・解釈的モデルは校正を必要としないが、予測モデルの場合は校正を行う。調査のこのレベルでは利用可能なデータも予測モデルを使用するのに十分備わっており、各計画案に応じた水理学的システムの検証をモデルで行うことが可能である。

地下水流動モデルを構築する主な手順を図4.1に示す。図に示すように、まず最初（目標を決めたあとの）に、水理学的システムの概念モデルの定式化を行う。このプロセスは、適切な専門的判断とともに十分な信頼できるデータを必要とする非常に重要な段階である。概念モデルは、帯水層システムを構成する水理／層位学的単位のすべてを反映し、識別可能なすべての地下水と地表水の境界を含む。この情報は数値モデル案の空間的広がりを立証するのに有用である（Anderson & Woessner, 1992）。

概念モデルの完成のつぎは、それを表現する数値モデルを設計する。まずこの段階の作業に入る前に、一次・二次・三次のうち、どの次元のモデルを設計するかの選択をする。その後、差分格子／要素メッシュの設計、モデルコードの選定、境界／初期条件の設定、モデルの層の確定、セルやノードへのモデルパラメータの割り当てなどの作業を行う。適切な計算時間間隔（時間刻み幅）を設定する必要があり、モデルの目標、水理／地質系の特性、モデルへの入力や校正に使用可能なデータの量と質などに基づいて行う。モデルコードは、関連する水理プロセスについて、あらゆるシミュレーションを可能にするものでなければならない。たとえば、地下水と地表水が水理的に密接に関連している地域では、地表水と地下水の統合的なモデルコードの使用を考慮するべきである（Anderson & Woessner, 1992 ; ASTM D5609 and D5610）。

数値モデルが完成したら感度分析を行い、そのモデルが最も高い感度示すパラメータを確定する。これらのパラメータは校正段階での修正作業で優先的に扱う。感度分析は、また水理地質系の理解を深める入力データの不足箇所の判定やデータ収集時の優先順位の決定にも利用できる（Anderson & Woessner, 1992）。地表型地下水涵養

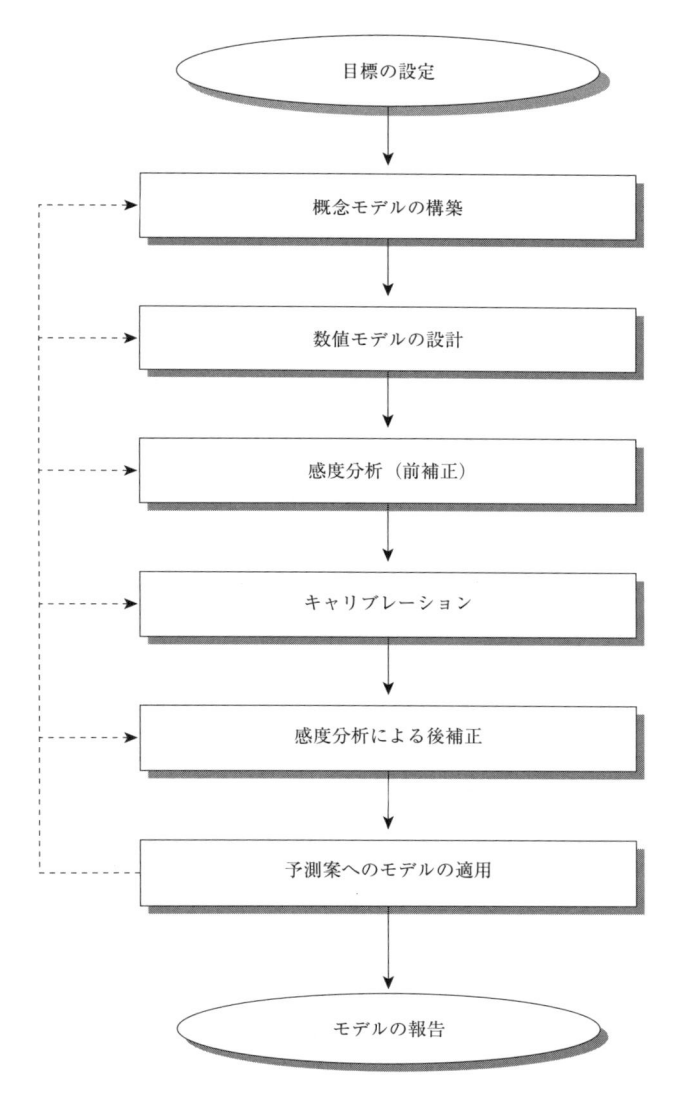

```
┌─────────────────┐
│    目標の設定     │
└─────────────────┘
         ↓
┌─────────────────┐
│   概念モデルの構築  │ ←─────┐
└─────────────────┘        │
         ↓                  │
┌─────────────────┐        │
│   数値モデルの設計  │ ←─────┤
└─────────────────┘        │
         ↓                  │
┌─────────────────┐        │
│  感度分析（前補正） │ ←─────┤
└─────────────────┘        │
         ↓                  │
┌─────────────────┐        │
│   キャリブレーション  │ ←────┤
└─────────────────┘        │
         ↓                  │
┌─────────────────┐        │
│  感度分析による後補正 │ ←───┤
└─────────────────┘        │
         ↓                  │
┌─────────────────┐        │
│ 予測案へのモデルの適用 │ ←──┘
└─────────────────┘
         ↓
┌─────────────────┐
│    モデルの報告    │
└─────────────────┘
```

図4.1　地下水流モデリングのフェーズ

のモデル化でとくに扱いに慎重を要するのは、地表と地下水との界面に生ずる目詰まり層である。

　この時点でモデルを校正することが望ましい。地下水流動モデルの校正では、入力パラメータの系統的な修正（試行錯誤、自動化のいずれかの方法による）を行い、地下水の標高・基底流量・浸透率・蒸発散量など、システムの反応（履歴）を表す従前の測定値を（妥当な誤差レベル内で）モデルに複製させるようにする。校正モデルの信頼性を高めるために、この時の履歴データは比較的長期間にわたり実測した幅広い値のものとする。校正基準には、モデル化されたシステムのタイプだけでなく、モデル化の目標も反映されていなければならない（Anderson & Woessner, 1992；ASTM D5490）。校正を進める間に、モデルの誤りや欠陥が発見されることは少なくない。プロセスを前段階に遡って見直すことが必要である（**図4.1**）。

　校正に続き、できれば校正の対象にはならなかった履歴期間を通してモデルを稼動し、得た履歴データとシミュレーションモデルの結果とを比較検討するようにする。このプロセスはモデルの検証（妥当性確認）に相当するが、地下水モデルを本来の言葉の意味で検証することは不可能である（Konikow & Bredehoeft, 1978；1992）。データセットが比較的短い期間の記録しかカバーしていない多くの例で、データ量は概略の部分的な校正を行うのが精一杯である。このような場合は、モデルで得たデータを注意して使う。そして調査を進める間に追加的なデータを収集し、引き続き校正や検証を行い、改良を重ねる。他方、検証のためのデータが十分あり、にもかかわらず検証を完了させることができない場合は、校正ステップを遡って再調査する必要がある（先の文献および、Van der Heijde, & Elnawawy 1992；Van der Heijde, 1994；1996）。

　地下水モデルを使って予想シナリオをシミュレーションすることは、一般には、モデル化の全プロセス中、最終段階と考えられている。前段階の再調査が必要となる欠陥が検出されるのもこの段階である。モデルの適用も、専門家が最も責任を問われる局面である。予想シナリオの結果を正しく解釈するには、高度な専門的判断が必要である。とくに、地下水モデルを適用しての決断は、モデル出力に付随する不確定性を十分考慮して行うようにする。この不確定性は、モデル校正後に実施する不確定性分析を用いて、量的に査定することが可能である（ASTM D5611；Anderson & Woessner, 1992）。校正が首尾よくできたモデルが必ずしも正確な予測をもたらすとは限らない、という事実は常に念頭に置くべきである。

　ある種の状況下では、地下水流動をモデル化する場合、数値解法が唯一かつ最も適切な方法で「ない」こともあり得る。こうした場合には、解析要素法のような(1995)解析的方法の利用を考えてみる［とくに、解析的地下水モデル化技法は数値方法による場合の準備もしくは補足的技法としてよく用いられている（Haitjema, 1995）］。しかしながら、この技術の実施では、いたる所で専門的な判断が必要であ

る。

　コンピュータプログラムのユーザー志向が高まり、コンピュータの力が大きくなるにつれて、プログラムを誤用する危険性も増大する。コンピュータシミュレーションの結果を利用するには、意思決定者がコンピュータへの入力データの精度の限界や、結果を得るためにコンピュータで使用した関係式について、十分認識し深く理解していることが必要である。サイトや調査のレベルによっては、上位あるいはより高度なモデルの使用は先送りするほうが賢明かもしれない。なぜならば、モデルの洗練度はデータの量・正確さ・詳細の程度と一致するからである。

4.1.5　予備事業による検証

　この段階で、試験／モニタリングの計画案をできるだけ詳しく検討しておく。作業としては、涵養事業が運用に入る前の貯留層の基底流量や地下水位などの水文学的パラメータの選択とモニタリングを行う。その後引き続き、浅い池涵養ならば乾―湿サイクルを数サイクル分モニタリングする。また、深い池や河床涵養ならば、数カ月の試験操業を行いモニタリングする。この場合、下水処理水を使用するならば各モニタリング時間をさらに適宜延長する。涵養揚水併用井戸では涵養―揚水の数サイクルをモニタリングする。涵養井戸ならば通常の作動条件下での数カ月の操業モニタリングとなる。

　データ収集と試料採取を行う場所と頻度、各試料を解析して探るパラメータを決める必要がある。ふつう、水位・流量・水圧・水質などが該当要素となる。この作業は試験計画の中でも時間・費用のかさむ部分である。きるだけ正確な範囲に絞り無駄なく潤沢に予算を使えるように、計画は念入りに立てる。データ収集が不十分なため計画最終の涵養結果解釈にいたらず、成果をもたらさない試験計画も決して少なくない。

　試験や予備事業は、地下水盆の反応が平衡を示す、少なくとも平衡に近い状態になるのに必要十分な期間行う。みかけ平衡はほんのわずかな時間しか維持されないことが考えられるので、試験期間はみかけ平衡後に相当時間を加えたものとする。このような状況の原因としては、帯水層内への水の蓄積による下位帯水層への漏水、長期間の目詰まり、反応時間の遅い地球化学的反応などがある。当該地域における他の井戸／涵養活動（自然・人工とも）の反応、もしくはこれらに対する反応の影響にも十分注意する。概して試験事業は、理論的に望ましいものと実際に実現できるものとの妥協の産物である。多くの場合その成果が規模に依存するので、試験事業の井戸の建設は実規模か、可能な限りの近似規模で行うべきである。規模を縮小した小孔径による試験事業では、流量は少なく、混合率は大きくなり、実規模の井戸に比べより劣った数値を示す傾向がある。

4.1.6　費用・水量・水質

水文学的解析に基づき、水の収支／数学的モデルを使用し、各計画案の産出高を算定する。この算定では、同時に、さまざまなレベルの水質結果がもたらす影響についても考察する。技術調査と並行して実施される環境調査で、環境へ好ましくない影響を及ぼすおそれがあると指摘された計画案は、その影響を軽減するために必要な費用（ドル換算）を考慮し、その上で産出高を決定する。こうした考慮の対象となる費用については7章に記述する。

4.1.7　環境調査

初期の環境調査は見直しと更新が必要で、下記課題（6章に詳述）を包含するものでなければならない。
・社会経済水文学的観点
・環境的影響を受けやすい地域
・影響に与える効力
・環境影響評価
・環境と地域社会の質の向上

4.1.8　計画案の評価

各計画案について、計画案が予測する結果を、事業の目的および一切手をつけない案との比較検討を行う。各案の正・負の成果、予測産出高・費用を判定し、詳細を一覧表にする。可能ならば連関表に要約する。

4.1.8.1　住民の参加

調査のこの段階で住民の意見と参加はますます重要になり、必須要素となる。これまでの段階では、住民の意見はほとんど顧問委員会を介して伝えられてきた。ここでは計画案選定を自由参加の住民集会で発表し、より幅の広い情報公開をすることが望ましい。住民に公表されるべき情報は、各計画案（一切手をつけない案も含む）の長所と短所、地下水と配水に各案がもたらす質的影響、消費者の事業費用の負担分、資金調達の計画案、環境影響／緩和対策などである。

4.1.8.2　経済的配慮

事業施設の単位コストに関するデータに不足がないかを検討し、必要な変更を加え、その後にこれを用いて各計画案の総費用を算出する。計画案毎に充当すべき費用

データと組み合わせて産出高を予測できれば、涵養／揚水水の単位コストの予測、およびシステム全体でのピーク時の給水能力の増加期待値を計算することができよう。また、運用費／維持費、将来利用可能が予想される涵養水源、事業の有効寿命、施設の閉鎖費用などについても解析の適用を考慮する。コストは、一般に資本コストと運用コストに分けて算出する。考慮すべきコスト内容については7章に述べる。各計画案のコストの経済性に加え、事業の財務的実現性、すなわち事業の資金調達は可能か？住民は事業により、費用を進んで負担するに見合う便益を享受できると思っているだろうか？を判断する必要がある。

経済分析をより広範にし、もうひとつの重要要素である年間コストを算定する。これには資本投資の割賦償還と通常の運用およびメンテナンス費用を含む。また、予測される外部からの資金調達案を含めてもよい。各方面の出資者間での事業費用の分担案を概念段階で報告することも可能である。

涵養の運営がより経済的であると評価を受けるのは、水源の開発を含む従来型の水の供給施設の新設案と比較する時で、主に新水源までの距離と付帯する環境費用による。一度涵養の運営の実現性が確認されたならば、つぎに広範な経済的分析を行い、涵養の運営を含む水管理施設の全段階的開発の最適計画を練り上げることが一般的な手順である。運用がもはや経済性を失い、あるいは不測の結果により施設の閉鎖を迫られる事態に備え、地下水涵養の中断費用も考慮しておく。

4.1.8.3 評価・収集を要するデータ

これまでに完了した作業を見直し、データに不備がないか確認する。受容可能な財政的リスクに適ったデータベースを作成するために必要なデータをリストアップし、各データセットの収集に要する時間と費用、実行時の優先順位などについて検討する。

4.1.8.4 法律・規制・水利権

これまでの作業を見直し、法律や規則に違反しているものがないか確認する。また、所要水利権のリストに記入漏れがないか、獲得のための推定費用が算定されているかをもチェックする。

4.1.8.5 最適案の選定

懸案事業の最終案の選択に際し、意思決定者はこれまでに寄せられた住民の意見をすべて再検討し、同時にすべての自然的・経済的・社会的・環境的要因を見直し、その上で判断を下すものとする。選択された案は目指す事業を、必ずしも、最も効率のよい、あるいは最大の産出量をもつ、もしくは利用者に最も享受されやすいものにするものではないこともあろう。しかし常に、最もよく目的に適い成功を約束するもの

でなければならない。

4.1.9　報告

　予備調査で行われた作業は、工学的報告書と環境報告書の少なくとも2つの報告書にまとめる。多量の文書になる場合は重要な点を本報告書に要約し、詳細は付録にまとめる。進める事業の内容が、計画案の選定理由とともに明瞭かつ正確に説明されていることが重要である。住民の理解を得るために必要な情報は十分詳細に公表し、公開情報には提供者の偏見が入らないように注意する。最終事業案を一切手をつけない場合のシナリオと対比させた論説、その他調査した代替案の情報もあわせて報告書に記載する。報告書は公聴会前に予備資料として発行し、公聴会後に最終的なものとして仕上げる。

4.1.10　公聴会

　計画事業に関する公聴会は可能な限り多くの場所で行い、利用者の多くが出席できるようにする。公聴会には、主催者側から意思決定者・そのスタッフメンバー・顧問委員会などが出席するものとする。会では発言を求め、意見が考慮され、議決されるようにする。会での意見や見解・決定事項は予備設計の最終報告書に含める。

4.2　最終設計

　最終設計は公聴会の結果・追加データ・調査用件を考慮し、予備設計を念入りにまとめ上げたものである。それには、コストを正確に見積もり、建設を容易にし、実際的な運用手順を示唆する有用情報をできる限り詳細に盛り込むようにする。最終設計には最終環境影響報告書を添付し、少なくともつぎのような内容を含むものとする。
・地表・地下涵養施設のタイプ・規模・配置・設置場所・付帯設備・稼動／維持費用
・予測貯留水量・水質、および、事業の予想産出高
・運用・維持管理費用を含むすべての施設の、単位コストと総費用
・建設計画
5 要求水質を達成する方法：混合／処理方法の内容、または利用制限の内容
・環境緩和対策事業の場所・設計・費用、適用されるべき法律と規制
・獲得すべき水利権（ある場合）
　事業が新技術・ハイリスク・高額費用を含む場合は、最終設計は詳細にモデル化して検証し、建設に入ってからは段階毎にテスト／検査を繰り返し、問題を事前に発見

し適宜計画を修正しながら進めるようにする。

4.2.1 環境データの更新
初期計画段階で指摘された環境に関する注目点について検討し、環境影響報告書に改めて記述する。

4.2.2 事業の寿命
事業を一定の寿命で終了させるか、または相応の維持管理や適宜施設の取り替えを行い、事業を永久的に持続させるかを判断し、結論を最終報告書に明確に記述することが必要である。

4.2.3 水源の有効性
どのくらいの期間涵養水源が有効であるかの情報、あるいは同じ水源への他の権利の有無、上流域の開発により減少する可能性のある水量と低下する可能性のある水質に関する情報は、経済的／財務的な分析に欠かせないものである。

4.2.4 事業の運用と維持管理計画
事業の主施設の取り替えを含む事業の運用・維持管理費用は、経済的／財務的実現性の調査における一検討要素として算定する。運用／維持管理計画の作成には、かなりの労力と時間を要し、システムの稼動状況を定期的にモニタリング／評価し、コストの算定が正しいこと確認する作業も含まれる。計画の最終段階の間、獲得すべき緩衝地帯の総量について再検討し、騒音や悪臭対策に十分であるかを判定する。これはとくに、下水処理水を使用する場合重要な管理項目である。

4.2.5 最終報告書の原案
最終設計で得た成果を文書化する。その際、下記3つの課題を成し遂げ、最終報告書とする。
・技術・環境・財務・経済の各観点からよくまとめられた涵養計画、およびそこで使用する熟慮された技術方法を提供する
・必要な許可の取得・支援機関・資金の調達・環境問題との取り組みに必要なデータを備えた各文書の提供

・経営管理者の意思決定のための管理摘要書の提供

　報告書は単体の文書、複数の文書構成のいずれでもよい。事業の規模／複雑さにより選択する。報告書の主要部分は、産出量・費用・設計・環境上の配慮など、これまでの段階で得た成果で構成する。涵養計画の実行に伴い、事業地周辺の状況には間違いなく変化が生じ、原計画の要素のいくつかは再評価が必要になる。さらに試験計画が実行されれば、試験データが試験方法やモニタリング計画の変更を正当化することもあろう。こうしたことは全く正常な現象であるから、そのような変化に対するただし書きを原計画書、付随する契約書、および資金手当ての協約書などに、必ず記載しておくようにする。

4.2.6　公聴会の実施手順

　地域住民に都合のよい場所と時間にあわせて公聴会を開催する。プレゼンテーションはわかりやすく、一般用語をできるだけ多く用いるようにする。できる限り多くの調査データと結果を図表で提示し、印刷物として参加者に手渡すようにする。事業に関する文書のコピーは事業区域内の数箇所で入手可能であることが望ましく、公聴会に先立ち開催告示が十分行き渡るようにする。

4.2.7　反対意見の取り扱い

　報告書に対する反対意見は文書によるものであれ口頭意見であれ、逐一よく傾聴し、十分考慮する。異論が深刻な場合は、概念設計や予備設計の段階まで戻って検討する必要もあろう。

4.2.8　最終報告

　ここでの最終報告書は最終報告原案の改訂版で、原案への反対意見をリストアップした1章と、原案に寄せられた反応、および文書化での変更事項を追加する。

4.2.9　定期的な見直しの計画

　事業推進が決定されたその時点で、当初建設の完成後事業計画での予測成果と実際に達成された実績とをどのような頻度で比較するかについて、日程表を作成する。また、当初の事業への反対意見や住民の事業に対する見解の変化を定期的に検討する手筈についても考慮する。

第5章 規制と水利権の問題

5.1 背景

　水利権と水質管理法は各州間で異なるが、合衆国で水質を管理し規制する基本法は、1972年に制定された浄水法である。この法律は、基本的に、公益的な水の利用を阻害するとして国が決める最大限界値を超えて汚染物質（規制化学成分）を公共水路へ排出することを規制するものである。また、合衆国での水源としての地下水の保護には飲料水安全法が施行されている。飲料水安全法は次第に発効の効力の範囲を広げつつあり、やがて洪水雨水の涵養を含む地下涵養にも影響が及ぶものと思われる。連邦・州・地方の法規制の発効、水不足の増加、加えて地表水貯留施設建設許可の獲得がますます困難になるといった状況から、人工涵養と水の再利用に対する関心は急速に高まっている。

　法の施行問題は合衆国の地域毎に異なり、国々によっても異なる。合衆国においては各州が独自の要件や手続き法をもつ。連邦政府（合衆国開拓局、合衆国環境保護局、米地質調査所）も、地方デモンストレーションプログラムの資金援助や地下注入制御（UIC）V級井戸活動の規制などを通じて、涵養活動にかかわっている。河川敷や氾濫原での事業では合衆国陸軍工兵隊の404許可証を得ることが必要である。

　地下水涵養は確立された事業で、すでに十分な知識が蓄えられ経験が積まれている（Asano, 1985）。しかし、いまだ答えを要する疑問もいくつか残されており、とくに下水・下水処理水・その他水質の低い水を用いた場合には、検討すべき課題が多い（Asano *et al.*, 1992）。関心の焦点は、これらの水の利用が公共の健康を守ることを目的に制定された健康規制に適合するかどうか、土壌帯水層浄化後これらの水を人が飲用もしくはこれらに人体を曝した場合、土壌帯水層浄化の効力はどの程度か、あるいは土壌帯水層浄化システムの持続性についてなどの疑問である。その他の問題には、涵養システムの水理的容量の最大化、前処理・土壌帯水層浄化・後処理の最適組み合せの選定、また帯水層に達する水の量と質を最適に組み合せるための目詰まり層の最

適管理などがある。

　環境に対する配慮は重要で、事業が享受する地方の支援の程度に大きく影響するものである。河川流量と水質への影響、および地下水位・地下水質・揚水水の水質・生態系への影響なども考慮する必要がある。一般に涵養事業は、有意な悪影響を及ぼさずに水の獲得ができさえすれば、水の活用効率を高め、それにより環境に益するものと理解されている。しかし、事業はそれぞれ個々のメリットにより評価されるべきものである。環境に悪影響を及ぼす潜在的な危惧がある場合は、緩和（軽減）計画を立てるのも問題の対策に有用であろう。計画実施の予想コストは、事業の経済性分析に盛り込んでおくことが必要である。

　考古学上の遺跡に関する法律も考慮しなければならない。歴史的・前歴史的、あるいはその他の文化的価値のあるものが発掘される可能性のある現場では、掘削に特別な注意をはらう必要がある。万一発見した場合は、当該行政機関にただちに届け出る。したがってその必要性があると判断された場合は、考古学的研究を含む文化財調査を各事業形成の一部分として組み込み、適切な緩和措置を施すようにする。

　合衆国の国土・国家プログラム・国益にかかわる計画／事業では、環境影響評価（報告）書、または、この種の評価を必要としない理由を述べる否定的な声明書の提示が求められる。同様の要請は他の多くの国々、また合衆国の州レベルでもある。事業が及ぼす影響の調査は、事業の技術的分析と関連づけて行うようにする。

5.2　水利権

　地下貯留の行われる場所の水の所有権の確定はすべての涵養事業に共通する問題である。最近の州法や関連する判例法では、あるユーザーが消費や貯留の目的で使用してきた水は、地下貯留から揚水されてもそのユーザーの使用に帰すものであるとする主張をますます強めている。涵養水への権利は地下での移動や貯留の過程で失われることはない、ただしこれは、涵養水が地下水盆から流出しないこと、あるいはもともとあった水体を失う原因にはならない場合に限る。地方の法規制には水が地下に滞留していると予測する期間を限定しているものもある。また、涵養事業に関連する水利権を強化するために、地方によっては補足的な地方条例案、あるいは州法案を通過させることが必要になることもあるであろう。水源を使用する権利の獲得は必須要件であり、時に水不足地域では問題になる。水源は全体として関与させることも、短期間ずつ定期的、あるいは洪水期間中だけに限定して使用することも可能である。このような場合には水利権を購入する必要があろう。

5.3　法律上の問題

　問題の解決に取り組むべき法律的な課題としてはつぎのようなものがある。
・涵養水の管理の維持能力
・地表水と地下水の貯留権利
・許可と法令
・再生下水の使用上の管理
5 水質の問題に関連する責任
・所有権のタイプ
・土地所有者
・サイトの評価

5.4　慣例上の制約

　慣例上の制約には、慣習法・習慣、さらに地下水涵養事業に影響することもあり得るが、ふつう容認されている行為など幅広くある。他のセクションでも取り上げたが、これらの制約では下記の課題を含む。
・涵養水の所有者
・水源の水質が悪化している地域での住民の涵養水の容認
・後援者法人の地下水涵養活動における明確な権限——すなわち地表貯留で権限をもつ法人が地下水涵養を行う権限をもたないなど
・複数の地方自治体や他の機関が共存する複合した都市環境の中で、地下水涵養を行う機関の明確な管轄権の欠落
5 州・地方・連邦の涵養水の水質に関する規制や基準が水質成分の受容可能な安全レベルについて最先端技術で対応していない場合の、水を使用するための処理基準

　慣例上の課題を解決するには、影響を受けると予測されるすべての法人間で協力的な環境を作り上げる必要があろう。利害関係もさまざまなグループで協調関係を築くのは、慣例上の課題を解決する効果的な手法である。

第6章 環境上の問題

　環境影響評価と調査報告は涵養事業における重要な要素である。環境への影響は物理的自然環境に関係するばかりでなく、事業の経済的・社会的影響にもかかわる。影響がわずかで、事業に対する反対がないかあってもわずかであると判断できる場合は、予備評価の報告で十分と思われる。環境影響の調査は技術的解析と関連づけて行い、環境影響の報告書には技術報告書を添付して提出することが望ましい。

　涵養事業計画は各種団体や政治的圧力を免れ得ない性質の事業である。涵養事業計画の責任者である後援者が、事業計画の効果的な実行を慣例上の制約で妨げられることはまれではない。制約はさまざまな形で現れる。たとえば、目指すサイトや水源へのアクセスの手段がない、スポンサー権限での運用の柔軟性が限られていて地表水供給と涵養運用の効果的な統合を成し遂げることができない、水管理計画に高優先権が設定されそのために有望な競合代替案の検討が抑制される、その他諸々に制度上の制約がある、などである。頻繁に起きるこうした些細かつ微妙な問題には慎重な対応が望まれる。万一の失敗は事業計画の崩壊をまねき、事業の進展は大幅に遅延する。逆に、市民助言グループとの交流や技術／環境報告書を駆使しての説得により涵養事業の政治的・慣習的支援を獲得できれば、建設的な市民意見を誘発し究極的成功率を高めることになろう。

6.1　環境評価・報告・見直し

　合衆国における環境関連法令への準拠行動の基本は連邦法の要件に適合することであるが、他にも行政命令・関係機関の対応・州法による規制条例・その他法的仕組みを介して新たに制定／改定されている多くの補足的規則／法的要件にも適合することが求められる。人工涵養事業が連邦資金の援助を受けているか、もしくは受けるために連邦の許可を必要としている場合は、改正版1969年の国家環境政策法（PL91-190）（通常"NEPA"と称される）にしたがわなければならない。この法令により連邦の

当該機関が事業の環境への影響を調査し人的環境の質に重大な影響を及ぼすおそれありと判定した事業や活動に対しては、提案者に正式な環境影響報告書（EIS）を作成し、書類を提出するよう求めることになっている。環境関連法令への準拠手順は、経済的発展のような他の国家的ニーズとも矛盾しない方法で、環境的課題に系統的に対処する手段の提供を意図して構成されている。

　NEPA要件に準拠するための正式規則は環境審議会（CEQ）によって公布されている。この規則はEISの内容、および"重要でない影響の発見"（FONSI）などを含む他のNEPA文書や"決定の記録"（ROD）文書についての細則を規定している。さらにこの規則は、NEPAのほぼ全段階での住民参加の重要性を強調しながらEISの作成／見直し手順の概要を示している。各NEPA文書は一般的な公開見直しに加え、地方・州・連邦の当該機関（環境保護局を含む）による審査を受ける。

　州や地方にも、州の支援する事業や州の許可が必要な事業に対して、NEPAと同様な要件を法制定しているところがある。このような州での事業はその州の環境法準拠手順にしたがうことになる。この事業が連邦資金の支援を受けているか、もしくは連邦の許可を必要としているものであれば、NEPAと州の両手順が適用されることになる。公式評価の要請のいかんにかかわらず、NEPAの手順はよく構成され広く適用されているので、地表水・地下水の人工涵養事業にとっての環境的／社会的問題を評価する際の、環境調査を行うモデルとして利用することができる。

　すべての計画案（一切手をつけない案も含み）について、できるだけ早い段階で、社会的・経済的・環境上の課題と懸念材料を検討し評価することは、事業に対する広範な支持／支援を約束するものである。系統的な方法論を採用するべきこと、チェックリストや連関法はすでにその有効性を証明ずみであることを、再度付け加えておく。

6.2　環境・社会的問題への取り組み

　多くの地域において、人々は人工涵養の必要性を認識し、地下水位を保つために帯水層中に水を貯留しその水を揚水する事業を理解している。それと同時に、人々は人工涵養が地下水質へ及ぼす影響についても次第に強い関心を示している。公共／私設の水道関係者・水保全供給組合・その他の人々により、人工涵養のメリット、すなわち人工涵養は地下水供給の補充や水需要ピークにおける帯水層への負荷を軽減する優れた方法であるとする見方は一般の人々にかなり普及している。しかしながら人工涵養事業計画を開発する段階の一部に、人工涵養事業に関連する今日の水質の問題や環境的課題や、さらに事業の一部である新技術の利用について検討することへの関心を喚起することも必要である。

人工涵養施設の開発から閉鎖までのライフサイクルに関連する環境的・社会的関心事の全幅を考える時、関連する問題が世間の注目の的となるものである。これらの問題や関心事に適切に対応しないと、事業に対する反感をまねくことになる。環境的・社会的問題に適切に対応するために、事業の計画段階において、事業によって生じる可能性のある正・負の環境影響、および負の影響を克服するための緩和策について考慮する必要がある。これには隣接する土地への生物―物理学的・社会―経済的影響の詳細な調査と、不都合な影響を避けるかもしくは最小限に抑制する代替案を徹底的に探すことが含まれる。この種の分析を行う手順は基本的に環境影響評価を行う手順と同じであり、すでに文書化され文献としてよくまとめられている（Jain *et al.*, 1993 ; Canter, 1996）。

　簡単な連関法を使用するのも一方法である。一方の軸に事業活動の比較的詳細なリストをおき、他方の軸に環境・社会上の問題をリストアップする。比較的詳細な活動リストを環境要因と比較することによって問題と関心事の複合性と重要性を明らかにすることができる。事業の影響は、(1)直接、(2)間接、(3)累加的、なものに分類できよう。直接影響は同じ場所と同じ時間に起こる特定な作用による影響をいう。間接（もしくは、二次）影響も特定な作用によるものであるが、この場合影響は遅れて発生するか、もしくは場所的に幾分離れたところに起きるのが一般的である。累加的影響は、あるひとつの出来事から小さな影響が集積して大きくなったもの、もしくは追加的な出来事から生じた小さくて類似の影響が集積して大きな影響となることをいう。たとえば、単一の涵養井戸を完全な涵養井場に発展させるようなものである。

　活動チェックリストは案件事業に予測される環境上の影響のタイプを判断するのに役立つ。合衆国において、チェックリストの作成は環境影響評価報告手順の義務規定であり、リストの結果により、全面的な環境報告書が必要であるか、もしくは否定声明の提出で十分か、が決定される。

　活動チェックリストは、
・事業の全ライフサイクルをカバーするものであること
・案件事業の環境（自然・社会・経済的）への影響の解説的な検討を含む
・当該事業が環境に重大な影響を与える／与えない／与える可能性がある、のいずれかの所見を述べる
・必要の場合、緩和対策の方法を記述する
5 施設設計の詳細、使用する資源、土地の取得、サイトへのアクセス、建設、立ち上げ、稼動、モニタリング、維持管理、修復・再生、事業の完成施設配置図、を添付したものとする

　活動チェックリストは、また、何を・何時・どこで・誰が・何のために行わなければならないかについて、正確に理解するのにも有用である。さらに、活動チェックリストのチェック項目に関連する計画案を確認し、計画案の評価の際、勘案する。リス

トの内容は定期的に更新して調査の方向性やニーズの変化に対応させる。環境調査では、水・生態系・土地・社会・人間・環境アレルギー地域などをカバーするさまざまな問題を扱う。環境・社会的問題は事業の行われる場所・設計・規模・その他の要因によって一様ではない。カバーすべきチェック項目も、事業の建議／資金支援にかかわる行政機関によっても変化することも考えられる。付録Dに、カリフォルニア州の文書をもとに環境調査で取り組むべき項目を網羅した環境チェックリストの例を掲載する。チェックリストに取り上げた主な事項を以下に記す。

1. 生態学的安定性と生物学的環境は水事業に非常に神経質である。環境によくない影響を及ぼすおそれありと見られる事業は、ほとんど、住民から否定的な反応を受け、環境行動団体からは直接反対の攻撃を受けるものである。計画案を徹底的に検討して、悪影響を最小限に抑制するように構成し直すか、あるいは効果的な緩和措置をとるなどの対策が必要となる。
2. 既存の施設・建物や土地利用の変更や、緩衝帯の設置を求めるような人工涵養施設の建設は土地に大きな影響を及ぼすものである。したがって事業の計画に際しては、隣接する土地の現在の利用状況と共存し、将来の代替利用を妨げない建設にするよう十分留意する。
3. 社会的・人的問題では、人々が他の人々や自分たちの環境と相互に関係し合う方法／やり方に影響を及ぼすことが争点となる。経済的な問題は政府や商工業活動、さらに個人へも影響が及ぶものである。
4. 環境アレルギー的問題や関心事は、ある特定の部門（部門に限らず全体の場合もある）の住民に少なからぬ感情的反応を引き起こさせるものなので、とくに重要である。この問題は軋轢を生ずる傾向があり、事業の遅延や究極的な中止をもまねきかねないので早めの対処が必要であり、とくに負の影響の軽減策や緩和策の実施を初期段階で検討し、発表することが大事である。

世界には、これまで地表処理で使用してきた下水排水の再利用を、宗教的な理由で禁止している地域もある。しかしこうした国々も、地中を通しての処理、すなわち地下水涵養後使用するようになれば、再利用を受け入れるようになろう。

6.3 環境に与える効力

種々の緩和方策を使用して不都合な環境への影響を軽減（もしくは除去）することに加え、人工涵養事業の便益を前面に押し出し、避けられない悪影響の緩和策として利用することができる。たとえば、使える水が増えることは正の便益である。これまで浅い池にため蒸発するにまかせていた洪水／雨水も、人工涵養事業により捕捉して活用することができるようになる。その他、従来地表水／地下水から供給されている

水に新たな処理や良質の水を混ぜることにより、よりよい水質に改善することもできよう。地下水の涵養は塩水浸入防止にも用いられている。多くの地表涵養事業が市民に有益なレクリエーションの場を提供している。身体と水とが直接接触するようなスポーツは一般に控えられるが、釣りやボート遊びなどは涵養事業と共存し得るレクリエーション用途である。

　人工涵養事業の中には、湿地や生息地を創造する、もしくはより効果的に管理することを提案するものもあろう。水源として集水池や保水池を設け、また危機的な期間を避けて涵養活動を行うよう日程を管理することによって、生息環境や野生生物を保護することになる。人工涵養した地下水の一部もしくは全部を揚水し、生息地の維持のために役立てることもできる。これまで、雨水は一般的に厄介もの、できるだけ速やかに安価に捨てるべき下水と考えられてきた。しかし今や、多くの地域社会で雨水は利用可能な水資源として捉えられ、人工涵養を介して、用途が健康上の配慮や規則により限定されることはあっても、安全で安価な供給源に転換可能なものと期待されている。同様に、人工涵養事業は下水処理問題の解決にも有用であり、水不足地域においては、全面的ではないにしろ、水不足を解決することに貢献している。このような実施例は世界中の多くの地点に見られ、それぞれ証明ずみの記録もある（Pyne, 1995a）。

　帯水層管理の質を向上させ徹底して行えば、さらに付加的な便益をもたらすことができよう。産出量の増加と水質の改善は潜在的な正の影響をもたらす。最後に正の社会・経済的便益をあげると、人工涵養事業は、市民にそしてその商業・工業・農業活動に、持続的な水の供給を約束する。

第7章 経済性

　地下水涵養事業の建設決定は各候補水源の水の生産単位コストを算定し、それらを比較検討したのちに行う。この比較は事業の平均余命中の最小年間費用をもとに、後援組織に充当されている金利を適用して行う。年間費用は、1年間に発生する経費だけでなく、資本費用の償還も含む。

　その他、建設決定には多くの勘案事項がある。水の相対水質・信頼性・建設の容易性／許可の取得・環境への便益／悪影響・既存水系への将来的合体能力などの要因である。容易な作業ではないが、意思決定者の一助となるよう、これらの要素の貨幣価値を算出しておくことが望ましい。意思決定者はこれらの要素を、費用とあわせ、選択的にランクづけ、あるいは、スクリーニングして計画案を評価する。

　もうひとつの重要な経済的要件は、金融能力すなわち事業の資金調達能力である。この場合考慮しなければならないことは、コストのみならず、機関／会社の金融能力および納税者／株主の事業に対する投資意欲である。

　コストデータの収集／整理および事業案件と地域経済との関係の把握は、できるだけ早期に行う必要がある。なぜなら、事業の地域にもたらす経済的影響は、時に環境分析を有利に展開させる要因になるからである。

7.1　費用

　最適案を確定するには、正確な経済分析が必要である。考慮するべき要素には、涵養施設の建設費用だけでなく、シナリオ案毎の前処理費用・維持管理費・その他各種の改善費用、たとえば井戸の目詰まり・水源水と前処理・電力供給・実験室・廃棄物質・維持管理要員・取り替え（償却）・施設の廃棄などが含まれる。さらに既存水源を損傷しかねない事業失策が生じた場合、あり得る訴訟／改善措置に伴う臨時支出（7.1.7）なども含まれる。

7.1.1　土地取得費用

　土地の取得費用はその立地と改良状況によって劇的に異なる。取得コストの項目としてはつぎのような仕分けが妥当であろう（O'Hare *et al.*, 1986）。
・土地価格と改良／改善
・所有権調査と地図
・資産（財物）調査
・評価額
5 権限約定
・環境検査
・証書印紙料・権限保険・登記料などのさまざまな権限移転用費用
・区分変更費用
・天然資源採取費

　収用権の及ぶ土地を獲得する場合は、上記の諸費用に加え法的費用が必要となる。協議取得においては、費用はすべて交渉可能である。

　浸透池による地下水涵養は時とともに土地の高騰を触発することも可能である、という興味ある経済的側面をもつ。すなわち涵養用の土地を売却した利益で涵養井戸を設置すれば、浸透池の場合よりもずっと少ない面積で涵養を行うことができ、またその土地を別の水資源管理事業に使うこともできるようになるからである。ただし、涵養井戸の場合、地表涵養域を幾分占用する追加的な処理施設を必要とし、また、売却にあてる土地も以前にも増した自然状態へ回復させ、存在が危惧される望ましくない化学物質があれば徹底的な除去が必要となろう。

7.1.2　通用権取得費用

　土地の所有権利の権限の取得より用地の用役権のみの獲得のほうが望ましい場合、その用役権の購入費は先にあげた費用を含むものになる。この場合、その土地の所有権は依然として土地所有者のものであり、土地利用のほとんどは従前の形態をそのまま保持できるので、地役権獲得の費用は残る土地の広さを勘案し、所有権利権限の取得費用の10～50％程度となろう。

7.1.3　設計費用

　各調査で発生する費用は項目別に以降に説明するが、いずれも入手情報の質と量、サイト特性／自然／事業目的の複雑性と精通度、調査を行う技術コンサルティング会社／機関の人件費などによって大きく左右される。時と所により、選択的につぎの費

用項目を加える。
・助言委員会の支援
・水理的／地質的調査
・環境調査
・文化財調査
5 モデル化
・概念設計
・モニタリング計画の検討と検証
・経済的／財務的分析

7.1.4 技術的費用

公共水道施設の設計にかかる技術費用について、典型的なものを要約したテキストがある（Post *et al.*, 1991）。これは人工涵養事業にも手引きとして適用することができる。主な内容は以下のとおり。
・事前設計調査と報告
・詳細設計・計画・仕様書・図面の準備
・入札公告と見直し
・施工図の見直しと計画の解釈を含む建設の検査
5 支払い方法
・認可取得
・先行テスト事業の実施
・テストおよび本建設の最終報告書
・事業の完了

7.1.5 建設費用

涵養施設建設費用は以下の構成要素について、各建設費用を算定する。
・掘削・整地
・処理施設
・浸透施設
・送水施設
5 涵養
・揚水／涵養揚水併用井戸
・観測（モニタリング）井戸
・制御施設

・計測施設
10 モニタリングシステム
・試験棟・装備
・事務棟
・アクセス道路と駐車場
・フェンス・破壊／破損行為防御策
15 景観・その他地域社会の利益／緩和措置

7.1.6 運用・維持費用

　人工涵養施設の運用と維持については10章で述べる。事業に関連する運用／維持管理項目をすべて洗い出し、その費用を算定する。推定コストには、運用費用のみならず、人件費、各種手当て、事務用品費・間接経費、ユーティリティー・保証保険などのさまざまな管理費用を含める。

7.1.7 臨時支出

　公共水道施設の費用の算定では、事業の見積もり費用に不測の支出に備えた偶発危険対応費を加えるのが一般的である。偶発係数の倍率は、費用算定に用いるデータの正確さによって変動する。一般的には、事業費の10〜50％が臨時支出費用にあてられている（Post *et al*., 1991）。臨時支出は、万一法律的異議の申立てなどが発生した場合、対応費用をカバーするに十分なものでなければならない。

7.1.8 許可申請費用

　規制官庁から帯水層涵養施設建設の許可をとるように求められることがある。許可の確保には、一般的に申請料および代理業者への委託費用などが含まれる。事業の性質により必要な許可の種類は異なり、通常つぎのようなものがある。建設許可／開発指令、浚渫埋立て許可、消費的使用許可、NPDES許可、水質基準免除、帯水層免除など。事業が連邦政府による決定（何らかの連邦政府許可、あるいは連邦政府がもつ通行権の使用許可を必要とする場合も含む）にしたがうものであれば、NEPAの承認が必要である。水利権が土地の所有権と一致していないところでは、これらの権利を確保する費用も計算に入れなければならない。

7.1.9　取り替え費用

よく見過ごされる費用に事業の推定寿命に関するものがある。事業の主要施設の想定耐用年数の間、持ちこたえるのは困難であるとみなされる周辺／付帯設備がある場合は、それらの取り替え費用を全体の財務計画に含ませておかなければならない。一般には、償却積立金によりまかなう。費用は、部分的な改修から事業全体の完全な建て替え工事まで、広範な内容をカバーするものになる。複数の事業案を比較検討する必要上、こうした将来的な費用も現在価値で算出しておく。

もうひとつ、考慮を要するのは、不適切な処理または低水質の水の使用に起因する事業寿命の短縮である。帯水層系に有害な化学物質が蓄積してもたらされる結果で（Lee & Jones-Lee, 1993）、改善措置を必要とする。このような費用の規模は算定が難しいが、水源水の最新処理技術を駆使しての改善措置を想定して費用を推量しておく必要がある。問題の早期発見と速やかな解決にはモニタリング計画を確実にこなすことが有用である。

7.1.10　閉鎖／撤去費用

事業の閉鎖／撤去に伴う費用としては、地上・地下施設の撤去、および跡地を事業前の状態、もしくは監督官庁の指定する状態に修復する費用を含む。さらに、望ましくない残留化学物質が地表・地下水中に残らないよう完全に処理し、地表下の施設は指定方式にしたがい適切に充填したあと、廃棄するようにする。

7.2　財務分析

事業は2種類の財務的検査にパスしなければならない。第一は、事業が経済的なものであり、ドルベースから見て最良の選択肢であると判定されることである。第二の最も重要な検査は、事業の資金手当て（金融能力）の実現の可能性について行われる。

金融能力と経済的正当性とを混同してはならない。経済的に魅力的な事業でも資金調達が実現できない場合がある。このような状況は事業のもたらす便益が散逸し、事業にかかる費用を受益者に課すことも受益者から揚水することもできない場合に生じる。金融能力とは、事業が生み出す製品および提供するサービスに対して受益者が対価を支払う意思と能力である、と定義できよう。さらに、事業が経済的に魅力的であっても、支援組織の融資能力が当該組織の定款や資産状況により制約され事業の資金調達ができない場合もある。事業の後援者がどのようにして事業への支払いをする

か、財務分析ではその方法も明らかにする。考えられる方法としては、歳入からの充当・一般的な債権の発行・従価税の徴収・適正な水の使用料金の設定などがある。

事業に他の二次的目的を含む場合は、これらの目的に要する費用を仕分けし、その調達方法を示す必要がある。二次的目的の資金手当てを考える場合、洪水制御域やレクリエーション対象地域など、関連する適切なレベルの政府機関と費用を分担するのも一方法である。

事業の金融能力は、金利・水の価格・予防された損害の帰属価値などによって変動する。土地の査定価格の違いにより、事業後援者の業務対象エリアが「工業地域」の人口密度の高い地域である時、金融能力は最大になり、「農業地域」と査定される時、最小になるようである。

計画案を比較検討する際、経済的に最も優れた事業案が金融能力の面でも最強とは限らないものである。このようなケースでは経済的実現性が一回り低い案を採択し、より経済性の高い案はより長期にわたる段階的な建設案として推奨する方式がとられるようである。

第8章 建設

　地下水涵養施設の運用・維持管理に大きな影響を与えると思われる重要な建設要素についてその大部分を本章で取り上げ検討する。地表拡水施設の建設技術は比較的単純である。本書の他のセクションにも多く登場している。涵養井戸はより複雑になり、運用・維持管理上の課題も少なくない。本章では井戸の掘削技術・作業順施工説明・工程記録について述べる。さらに詳しい内容は技術グループが刊行するテキストに記載されている（Fowler, 1996；AWWA, 1989, 1993；NWWA, 1988）。河道内／河道外の地表拡水施設の建設、および涵養・涵養揚水併用井戸掘削については、論説記事、参考マニュアル・文献などに追加的情報がある。

8.1 涵養井戸の掘削技術

　設計は多少異なるであろうが、地下水涵養井戸の建設は地下水取水井戸とほとんど同じである。大口径井戸の通常の掘削技術について以下のパラグラフに簡単な概要を記す。地下水涵養では設計が異なることもあるので留意されたい。政府機関の中には井戸掘削標準を採用しているところもある（CDWR, 1991）。

8.1.1 ケーブルツール掘削法

　ケーブルツール（綱掘）もしくはパーカッション式掘削（衝撃式）法は、孔の底に重い鋼鉄ビットを連続的に上げ下げして、底の岩石を打ち砕き掘り進む掘削法である。孔径は通常150～750mm。孔底から破砕した掘り屑はワイヤーの先に取り付けたベイラーで掻き集め地上に引き上げる。未固結層内の場合は孔壁が崩壊しないように、通常井戸ケーシングを挿入する。これは固結層には通常必要ない。孔内がドライでなければ掘削液は不要であるが、その場合でも水を加えて掘り屑をスラリー状にし、ベイラーで掻き出すようにする。ケーブルツール掘削法は低速でベイラーによる

掘り屑の除去に時間がかかるため、孔井が深くなるほど作業速度が低下する。しかし、比較的きれいな水や地層試料を得ることができ、ケーシングを挿入してポテンシャル水面を測定することも可能である。砂の自噴やドライブパイプに曲りが生じた場合のトラブルが、この掘削方式の問題である。深度限界は約600m（ASTM D5875も参照）。

8.1.2 泥水循環型ロータリー掘削法（従来型）

この掘削法は、重い掘り管と孔底の岩石を回転しながら掻き削るビットとをドリルカラーで繋げた装置を用いて行う。掘削の間、循環泥水を掘り管内を通して下降させる。泥水はビットを潤滑／冷却し、掘り管外周と坑壁との間の環状域を戻るが、その際掘り屑を地表に運び上げ、同時に孔壁を遮水して崩壊を防ぐ。水井戸の場合孔径は、通常100～600mm、深度は1200mまで掘り下げることができる。地層試料はしばしば上位の岩層からの物質と混合されており、掘管の外周を上昇してくるために岩石の小片を分別することは難しい。孔内水の採取は難しく、高価なものとなる。循環の失速と地表下の巨礫が泥水循環型ロータリー掘削法の大きな問題である（ASTM D5783も参照）。

8.1.3 逆循環型ロータリー掘削法

この方法では水の掘削液（多くの場合）を掘り管周囲の環状域に流し込む。掘削液は孔底で掻き削られた岩石を巻き込み、掘り管の中を通して地上に戻る。孔径はおおむね300～900mm、深度の限界は約600mである。泥というよりむしろ水というべき掘削液を使用するので、掘り管から掘り屑を取り出すためには、高い流速を維持することが必要となる。掘り管は、砂利・小石・大礫などの大礫を収容できるほど大きくすることも可能である。地層試料は掘削間隔を代表する。孔内水の採取は高価につくが、孔壁に固くこびり付いた泥の残渣（泥壁）がなければ可能である。逆循環型ロータリー掘削法は泥水循環型ロータリー掘削法と同様な問題をもつ（ASTM D5781も参照）。

8.1.4 エアロータリー掘削法

エアロータリー掘削法は、掘削流体として大量の空気を用いる。毎分1000mを超える流速のエアを孔底に送り込み、微細粒子に粉砕された掘り屑をエアとともに掘り管周囲の環状域を通って地上に噴出させる方式である。水もしくは泡が空気の冷却／防塵／掘り屑の輸送媒体として添加されることがある。この方法は未固結層では十分に

作動しないので地表層を掘り貫くための泥水ポンプを掘削装置に備え、崩壊区間に井戸ケーシングをセットしたあとエア方式に戻すことがよくある。孔径は100〜400mm、最大深度は約600mである。掘り屑である岩石片はもともとあった状態よりもかなり細かくなってしまうのが一般的なので、他のロータリー掘削法と比べて地層の判断が困難である。一方、この方式では水の存在が容易に判断できる。掘削する地層・エアの供給量／圧力限界が掘削時の問題である（ASTM D5782も参照）。

8.2 作業手順

本章では典型的な砂利充塡式ロータリー掘削による水井戸建設の一般的手順を示す。

8.2.1 搬入・組み立て

この期間、掘削担当者は現地に行き装備を立ち上げる。掘削担当者は泥溜め・砂溜りを設け、仮設排水管を敷設し、掘削用泥土と掘り屑のためのコンテナーや置き場を確保する。一方、請負人は作業日程表と建設資材証明書を送り、承認を得る。地層試料採取・水質試料採取・グラウト注入、および掘削用具のテストなどの方法についても報告し、井戸所有者の検閲と承認を得る。

8.2.2 孔口ケーシングの設置

孔口ケーシング（コンダクターパイプ）は、掘削孔の上部を安定させ、周辺に存在する浅く水質のよくない帯水層からの浸入を阻止し、また地表水による帯水層への汚染を避けるための導管である。目的を達するためにひとつの井戸に複数の孔口ケーシングが用いられることもある。孔口ケーシングの施工では、所定の場所に設置後、管の終端／遮水位置（深さ）を正しく設定することが、この作業のポイントである。

8.2.3 パイロット孔の掘削

パイロット孔は井戸の予定深度までを掘る小口径のボーリング孔である。孔の掘り屑を集め、その収集毎に孔の深さを記録して下部地層の層序を表す柱状図を作成する。一定の回転速度（rpm）のもとでさまざまな地層を貫通するドリルの掘進率を観察して記録する。記録には掘削者の見る掘削特性やコメントもあわせて記述する。この情報は地質柱状図（パイロット孔の完成後に作成）と照合して、岩質やその他不飽

和域／帯水層の物理特性を確定するのに役立つ。

8.2.4 検層

パイロット孔が完成すると、通常物理検層が行われる。これにはさまざまな検層が含まれる（2.4.1および8.3）（Fowler, 1996 ; ASCE, 1987）。検層は、井戸深度・スクリーンの位置／長さの判定・充填砂利の選定をする上で、水質のサンプリングとならぶ非常に重要な作業である（Driscoll, 1986）。

8.2.5 水質サンプリング

水質が不明もしくは近傍の井戸に問題が発生した時には、離れた場所での水質サンプリングを行うことが望ましい。沖積帯水層に適用し成功した例がある。この方法では、ボーリング孔内にスクリーンで仕切ったパイプ部分を設け、孔内を孔底最下部から採取した砂利で充填し、砂利をとった部分の上部をベントナイトで遮水する。この後、きれいな水が得られるまでエアリフトで揚水する。この作業の間、テストする特定な場所の水を真に代表する試料を採取するためには掘削者との密接な協同作業が必要である。水質用のサンプリングと分析については10.8で補足説明する。

8.2.6 拡孔

拡孔は、必要に応じ砂利充填もあわせて、ケーシングとスクリーンを井戸の最終深度まで挿入できるように、パイロット孔の口径を広げる作業である。拡孔が最終深度に達するまでに、必要なケーシングとスクリーン用資材はすべて現地に運び込み、挿入するばかりに整えておかなければならない。孔内崩壊が起こり得るので、拡孔完了後ケーシングとスクリーンの挿入が遅れるのは好ましくない。

8.2.7 ケーシングおよびスクリーン挿入

ここでは、溶接部に欠陥はないか、スクリーン部分が正しい位置に取り付けられているか、取り付けたスクリーンの数は適正か、を主要なチェックポイントとして作業を進める。溶接部は非常に重要である。なぜならば、ケーシングにスクリーンを組み込んだ構造体は、24時間以上続く挿入作業の間、張力下で懸架された状態に置かれるからである。また堅固な溶接は、ひとたび完成したらケーシングの腐食を抑制し、懸念される大地の動きによる損傷に対しても強い抵抗性を保証する。設計性能が達成できるようスクリーンは正確に設定する。とくに無孔管とスクリーンが交互に設計され

ている井戸の場合には厳密に行う。最終的に各スクリーンとケーシング部の量と状態についてチェックし、スクリーン開口部の長さ／大きさ・径・壁の厚みが正しいか、溶接部に欠陥がないか、また、挿入前／挿入中損傷を受けた部分がないかを検証／確認する。

涵養・涵養揚水併用井戸および取水井戸は、定期的に改修（再生）する必要がある。これらの作業には、サージング・汲み出し・酸処理・化学薬品の添加などに耐える構造的強度（耐性）が必要となる。巻線型のステンレス鋼スクリーンは、スクリーン効果を高めている。

8.2.8 充塡砂利

充塡砂利やフィルターは、揚水中の井戸や涵養中の岩層の間隙に砂が入り込まないように、効果的なフィルターとして十分機能するよう正しい大きさのものを適正な位置に取り付ける。充塡砂利のサイズや設置が適正でないと出砂をまねき、揚水ポンプの有効寿命を損なうことになる。また、送水・配水施設への砂の侵入を防ぐ砂分離施設の設置が必要となる。このように充塡砂利は非常に重要なものであるから、設置状態を詳細にモニター管理し、決められた手順どおりであることを確認しながら作業を進め、井戸に加えた砂利の総量を算出することが必要になろう。取水井とくに涵養揚水併用井戸では、揚水操作や定期的に行う逆洗により充塡砂利の固化が懸念されるようであれば、砂利供給管を取り付け、新たな砂利を加えることができるようにしておく。砂利の補塡前に所要砂利量の理論値を算出する。計算は井戸ケーシング挿入前に実施した孔径調査や、ケーシングにスクリーンを組み付けた状態での孔径などを基準にして行う。算出した量の砂利の投入により、井戸内に砂利のブリッジが起きることなく、充塡砂利中に十分な間隙が残ることが証明されるものでなければならない。細粒物質からなる帯水層では追加的対策が必要になろう。

8.2.9 遮水

砂利を適切に充塡したあと、モルタルもしくはベントナイトを用いて、掘削孔とケーシングの間の環状部を充塡砂利の頂部から地表にいたるまで埋めるグラウトシールを行う。遮水作業は、ケーシングへの過負荷を避けて崩壊を起こさないよう、慎重かつ注意深く行う。

8.2.10 仕上げ

井戸仕上げ作業は、掘削中に生じた帯水層の損傷箇所を修復し、地層へ侵入した細

粒物質を取り除くことを目的に行う。この工程により帯水層内の細粒物を取り除き、井戸の比産水率を改善し、高い涵養速度・揚水量を確保する。井戸仕上げは掘削者の責任のもとで、比産水率が安定し出砂量が出砂限界値に減少するまで行われる。涵養揚水併用井戸でしばしば実施される再仕上げでは、通常ポンプによる井戸からの揚水のみが行われる（ASTM D5521も参照）。

砂利の補給管の設置は、涵養揚水併用井戸の運用の間、充塡砂利の固化が予想される場合に有用であろう。砂利補給管は充塡砂利内の間隙の保留に効果的であるが、細粒物からなる帯水層ではさらに別の対策が必要である。

8.2.11　揚水試験

井戸を基準に予測する水位低下と産水率を求める際行う揚水試験には、通常2つのタイプがある（Driscoll, 1986；Todd, 1980）。第一は段階揚水試験である。この試験は井戸の産水量と井戸効率を示すデータを提供する。第二の試験は連続揚水試験で、帯水層の透水量係数・漏水率・貯留係数の値を計算するデータが得られる。これらの帯水層パラメータは、揚水井戸の長期間にわたる水位低下と、周辺井戸との干渉の規模を算定する際使用される。涵養井戸では涵養速度とマウンディングの輪郭を算出するのに用いられる。また、ポンプ受け台の配置やポンプ容量を決める際にも使用される。涵養・涵養揚水併用井戸では、連続揚水試験の完了後続けて段階涵養試験を行うと、将来同様の試験を行ってデータ同士を比較し合えば、長期の目詰まり影響をチェックすることができる。また、涵養施設の適正な設計の基礎となるべきデータも得られる。涵養井戸には、孔内部・井戸ケーシングの隣接する外側・もしくは近傍の観測井戸内などの水位やポテンシャル水頭を計測する手段を備え、早期に目詰まりの予兆を検出できるようにするのが望ましい。

8.2.12　その他の活動

その他の活動にはつぎのようなものを含む。井戸の消毒・鉛直孔心測定・孔内検層内ビデオ調査・データ解析・井戸所有者の記録のための井戸完成報告書の準備。この報告書も水井戸の完成後の運用と維持管理に重要である。

取水ポンプ・モーター・配管・動力設備のような孔口装置は、別途建設されることがある。もしその建設が掘削者の責任範囲であるならそれらは試運転の前に設置されなければならず、設置に関するデータを井戸完成報告書の一部としてつくる必要がある（8.3も参照）。

8.2.13 解体・搬出

この作業には現場からの機械器具の撤去と現場の清掃を含んでいる。泥水・泥溜め・その他の建設廃棄物を現場より撤去し、適切な処理施設に搬出しなければならない。

8.3 建設の記録

水井戸の工事期間中に生じた出来事の詳細で正確な記録の価値は、どんなに大きく評価しても大き過ぎることはない。地表下の地質や岩質・井戸に組み込まれたさまざまな構成要素の材質や形状・当初井戸産水量・帯水層パラメータ・採取水の水質などのかけがえのない真に重要な情報をまとめることのできる機会は、建設段階中一度しかない。これらのデータはすべて施工工程を記録する報告書に組み込み、永久的に保存されるようにする。報告書のコピーを井戸の所有者に提出するが、提出書には、将来井戸の性能を評価する際、基準点として使用し得る価値ある基礎情報を含むものなので、大切に保管されるようコメントをつけるようにする。この種の報告書の情報の大部分は、井戸の登録／完成報告を求める州や地方の当局に報告書を提出する時にも大いに役立つものである。

井戸完成報告書に含まれるべきデータの明細はつぎのとおり。
・井戸の位置
・井戸の標高データ
・地域とサイトの水理地質
・掘削会社名／住所など
5 掘削装置の名称／形式
・工事経過記録
・孔内検層
　　地層検層
　　比抵抗検層（電気検層）
　　貫通検層
　　ガンマ線検層
　　密度検層
　　自然電位検層（SP検層）
　　キャリパー検層
　　温度検層
　　音波検層

　　　　孔内ビデオ調査
・充填砂利の設計
・井戸の説明と図面
10鉛直孔心測定
・揚水試験
・水質試料採取と解析
・消毒記録
・建設費用記録
15監督官庁の許可と申請書綴り

第9章 立ち上げ

9.1 立ち上げ手順

　立ち上げ手順は、新規涵養施設の運用を開始する時・代替施設が完成した時・一定期間使用されていなかった施設を再稼動しようとする時に実施するものである。ここでの主要なステップには、新職員の訓練・記録様式や手順の整理／設定・現職員の再教育などが含まれる。訓練と記録方法については10章で述べる。

　井戸の立ち上げの場合、運転員はデータシート一式・装置／機器データシート・井戸日誌シートなどを単位毎に用意し、これらを利用して立ち上げ期間中の各装置と帯水層の作動状態を査定する。主な書式は10.3に示す。図9.1に示すポンプの始動／テストデータシートは、立ち上げ時に使用するものである。これらのデータは、ポンプ性能状態の検証・システムの水頭曲線の計算に用いられ、また井戸の初期設定状態を将来の比較のために記録し、有効な故障診断データとなるものである。

　地表水涵養施設の立ち上げでは、さらに拡散池への流入水が効率のよい（経済的な）涵養（10.8）の限界濃度を下回った混濁流になっているかどうかをチェックする。侵食を防ぎ対応して高まる濁度の過大な上昇を避けるために、拡散池への水の流入はゆっくり行う。運転員は井戸の場合と同様の施設データシート一式を用意し、10.3に掲げる書式に倣い涵養日誌の体裁を整えておく。

　基本涵養施設（池と井戸）に加え、施設には、運用／稼動に直結するもしくは各装置に内蔵する補足的構成要素があり、これらにも立ち上げ前の点検検査が必要である。補足的機構／要素は各施設に固有なものが多く、涵養井戸と拡水池とでは大きく異なるのが一般的である。

　補足的構成要素には、
・バルブ類：給水弁・圧力逃がし弁・コンダクターパイプの入口弁・拡散池間の流路切り換え弁
・流量計：給水系配管・涵養ユニット間・バイパス管もしくは水路・流入―流出施設

WELL DESIGNATION: _____	PUMP: _____
TEST DATA: _____	MOTOR: _____

STATIC WATER LEVEL: _____ (MEASURE BEFORE STARTUP)

LENGTH OF DROP PIPE: _____ C FACTOR USED: _____

SURFACE VOLTAGE: a/b) ___   a/c) _____   b/c) _____

SURFACE AMPERAGE: a/b) ___   a/c) _____   b/c) _____

WATER QUALITY RESULTS OF INTEREST: _____

TIME AFTER TEST STARTED AND PUMPING RATE WHEN

　　　WATER SAMPLE WAS TAKEN: _____

	TEST 1	TEST 2	TEST 3	TEST 4
TEST VALUES:				
DATE				
PUMPING RATE (L/s)				
HOURS OF TEST				
TYPE OF TEST				
DRAWDOWN WATER LEVEL				
SURFACE AMPS				
SURFACE VOLTS				
SURFACE kg/cm^2				
SAND (PPM)				
SELECTED W.Q. PARAMETER				
ESTIMATED VALUES:				
MINOR LOSSES (m)				
DROP PIPE H.L.				
CALCULATED VALUES:				
SPECIFIC CAPACITY				
TDH				
SYSTEM EFFICIENCY				

図9.1　ポンプ始動／テストデータシート

用
・化学物質添加装置：濁りの処理・涵養水の殺菌・腐食防止用
・電気系統：弁の制御・ポンプ・計測装置・コンピュータ・照明用

　井戸をしばらく使用していない場合は、井戸に涵養水を入れる前に、一度井戸の水をポンプで汲み出すこと（再正作業）が望ましい。この揚水は水質が安定して基準値になるまで続け、汲み上げた水は排水する。同様に井戸の水源も、涵養水を供給し始める前に、供給管から送り込まれた溶存固形物がなくなり水質が安定するまで排水することが必要である。また、揚水設備の立ち上げの場合は揚水機の潤滑にも注意を要する。井戸内の静水位が地表から15mもしくはそれ以深の時は、ポンプ起動時に非密閉タイプのラインシャフトを水で潤滑する。密閉ラインシャフトでの油による潤滑は、設置当初ポンプ深度30m毎に毎分5〜6滴を注油する。運転開始2週間後には給油速度をポンプ深度30m毎に毎分3滴に減らす（ポンプ製造者提供の取扱説明書参照）。水質への悪影響や、物理的・生物学的な帯水層の目詰まりの加速を避けるため、涵養や涵養揚水併用井戸では油潤滑ポンプの使用を避けるほうが賢明である。

9.2　操作手順

　涵養施設の運用中、運転員は毎日、日報を記す。記入した測定数値は、基本データシートや始動／テストデータシートに記録されている帯水層や施設／装置・機器類の各種パラメータと比較検討する。何らかの傾向が見られる時はこれを注記し、有意の変動がある場合は速やかに適切な対策を講ずるようにする。涵養速度の低下と池の乾燥時間の相関関係を明らかにして基本ガイドを設定し、計画的な運用をはかるべきである（Detay, 1996）。
　立ち上げ時、およびその後しばらくの間は、日ベースですべての水理／装置パラメータをモニターすることが大変重要である。システム全体の稼動が申し分なく涵養施設運用日誌の内容にも問題がない場合は、測定の間隔を広げてもよい。逆に、水源の水質や流量に変化が見られる時は、計測回数をより頻繁にしなければならない。

9.3　井戸停止手順

　一般に井戸の停止は比較的簡単な手順で行われる。ただし常に、上流から下流に向かって作業を進めるように注意が必要である。パラメータはすべて注意深くモニターし、流動にサージ（脈動、急激な増加）が観測されれば逐一記録しておく。涵養施設の立ち上げ時の設計にサージ防護が含まれていない場合、この観測で有意の規模のサ

表9.1　予防的維持管理（井戸停止期間中の点検・記録・実施事項）

時間間隔	井　戸	ポ ン プ
毎週	ポンプ停止と井戸のサージ（清掃） 始動時の出砂のチェック	運転中アクセスできない箇所の潤滑 始動・停止時におけるポンプ／モータ音の変化を記録
毎月	静水位 井戸の比容量の計算	制御弁の作動チェック
半年毎		パッキン箱のグランドとパッキングの検査 シャフト／軸受の潤滑油の交換、タンクの清掃 シャフト設定（ピックアップ） 電気接点と接続の点検
毎年	充填砂利の深度（砂利補給管を装備の場合） 井戸の全深度 試験井戸を揚水して"ワイヤから水へ"のポンプ効率を求めポンプ性能と比較する	パッキン箱のパッキングの交換 （アクセス可能な）軸受／ハウジングの交換 モータ巻線の抵抗測定 シャフトの振れチェック 電気接続の緩みチェック 電気接点の掃除／交換 ポンプ締切揚程のチェック

ージが見られれば、サージ防護を付け加えなければならない。

　システムを長期間休止する場合、とくに、越冬期間などのように氷結温度になることも予想されるような時には、必要な防護策をとり補助具を取り付けて施設を保護する。

　井戸の停止期間は施設の付帯部分を点検する機会として活用する。**表9.1**に、可能な点検項目と所要回数を示す。堆積性帯水層から水を採取している井戸を定期的に休止させると、帯水層へ水の逆流が生じ、井戸ケーシングの入り口付近に堆積している細粒物質を剥ぎ取り、帯水層中へ追いやる可能性がある。このような懸念がある場合は、井戸の再開時、サージングを行い最初の揚水分は排出して浮遊物質を除去することが必要である。

　水位の回復後、静水位を測定し記録する。年に一度、３つの異なった流量でポンプをテストし、ポンプ効率を測定する。計測は、入力（ポンプ軸動力）と出力（水動力）を計算するための電力消費量・吐出圧力・井戸内の水位低下について行う。井戸の比湧出量（流量を水位低下量で割った値）もこれらの計測値から算出することができるので、そのつど計算し前回の数値と比較して問題がないかどうかの指標とする。"ワイヤから水へ"のポンプ効率を算出してポンプ性能曲線と比較し、ポンプに問題

が発生していないかどうかの指標とする。
　井戸の停止は一時的なもので、永久的な井戸の閉鎖と混同してはならない（10.10）。

第10章 運転・維持管理・閉鎖

10.1 はじめに

　自然の河川区域やその隣接地域における地表涵養施設の運用と維持管理方法は長い期間にわたって改善されてきた。先進地と見られる自治体をあげてみても地表涵養の歴史はそう長くはないが広く認知されている。注入井戸を涵養に使用する技術は開発の歴史が最も浅く、いまだ不確実な点も多い。今日では、涵養・レクリエーション・漁業振興など、多目的に利用する施設の運用が重要性を高めている。

　人工涵養施設の運用と維持管理においては考慮しなければならない要素が数多くある。これらのうちのいくつかを**表10.1**に示す。

10.2 運転員の訓練

　運転員は構築物を維持し、施設を管理し、運用記録をとる上に必要な技術をもち、十分に訓練され、記録の目的とその意義をよく認識している者でなければならない。地下水涵養施設の運用と維持管理に関する適正な記録は、効果的で経済的な地下水涵養事業を行うために必須なものである。適切な運用と維持管理にはよく訓練された要員が必要である。訓練計画は未経験者・経験者の両方に適用できるものとする。新人に対するプログラムには、いかに・なぜ事業を行うのか、施設の計画と設計の検討（できれば計画者・設計者が説明する）、潜在的課題の認識、事業を運営する組織の概要などを含むものとする。経験者に対する訓練では、新人教育の見直し・既存手順と事業成果の詳細な検討・既設事業についてまわる特異事項の操作と維持管理に関連する新技術の学習などを行う。

　運転員の訓練に含まれるのは、
・地下水涵養／揚水施設の現場調査

表10.1　地下水人工涵養の運用・維持管理項目

分類	重要項目	普通項目
運転および維持管理	安全性 最適化方式／プログラム 湿／乾サイクルの値 池清掃の頻度と方式 池底のフィルター	保安 高地下水位
多目的利用	涵養速度／サイクルへの影響 操作スケジュール	公共機関・私企業との協力 付帯問題：責任・治安・ゴミ・景観・美観
水質	化学成分 懸濁物質 井戸中の微生物目詰まり 水生生物 土壌の水への反応	温度 昆虫 有害な病原性生物 二枚貝
設計変更	形・深さ・側壁勾配 井戸・池の窓・水路の使用 池底のフィルター材質	都市化環境（私有・公共） 費用対涵養容量の改善 景観

・設計・建設・管理記録の説明
・あらゆる記録の保管場所の説明
・新運転員の経験水準にあわせた機械装置の維持管理のための技術教育
５涵養事業に使用される化学物質による健康に有害な要因
・目詰まり層除去などの操作過程での残留物による健康に有害な要因

　社内もしくは近隣業者に有資格者である訓練要員がいない場合は、外部のコンサルティングエンジニアまたはメンテナンス・サービス業者に電話で指示を仰ぐか、あるいは非常時の支援を依頼できるようにしておく。

10.3　記録の保持

　涵養施設を効率よく運営し成果を上げるためには、その運転記録のとり方・利用法が重要な鍵になる。「よい」かつ検索が容易な記録は、つぎのような問いの答えにも基礎データを提供するものである。
・施設は、計画・設計どおりに機能し運営されているか？
・今、どんな状態で何が行われているのか？
・施設の利用率を向上させる、または施設の効率を上げるために、今、どんな改善余地があるか？

運転員が現場で集めるデータの記録様式はサイトによって異なる。運転員は各データの最終的な利用をよく考え、サイトに固有な観察項目にしたがってまとめ、使いやすい様式を工夫するようにする。施設の運用が水利権上の問題を引き起こした場合、これらの記録は法的な目的で使用されることもある。また時には、不十分な処理のままに涵養水が施設から放流され、地下水汚染の要因となり、被害の苦情を受けることもあろう。そうした時にも対応できるように、書式は「よい」運用に必要な情報はすべて含む完全なものでなければならず、しかもあまりに記入項目が多く煩雑なために、運転員に過重な負担を強いるものであってはならない。

水関連の官庁・機関が使用している書式はさまざまである。アラメダ郡（カリフォルニア州）水管轄区、ロサンゼルス郡（カリフォルニア州）洪水制御管轄区、アリゾナ州フェニックス・ソルトリバー計画などで使われているいくつかの例を、この章末の図10.1～10.8に示す。

記録の内容は、離れた場所にある地下水涵養施設はそれぞれ異なり、それぞれが異なった記録を必要とし、記録要件も違うことを認識して設定する。

運転書式はそのままコンピュータ入力に使えるようなデータ設計にする。運転員は、水位・計器の読み値・流量・温度・その他の物理的水質的データなどの現場データを、コンピュータ入力用の定義フィールドである欄に書きこむ。このタイプの書式は永久保存のためにマイクロフィルム化される。マイクロフィルム化された記録は、法的な目的での使用や、将来コンピュータ記録の精度に疑問が生じた時参照する有用な助けとなる。オリジナルデータがコンピュータ化されていない場合でもマイクロフィルム化すれば安全である。コンピュータが利用可能ならばデータはデータベース化し、そこから取り出す操作パラメータをパラメータ同士、あるいは時間軸に対してグラフ表示し、傾向を読み取ることができるようにしたい。より大規模には、携帯データロガー（データ自動記録装置）から直接電子的に入力することも可能である。

書式を設計する際、データ処理／保存に使用するコンピュータやソフトウェアに詳しい電子データ処理技術者の助言や参加を得るようにする。最初から、技術者・運転員・コンピュータプログラマーの三者が協力してデータ書式を設計することが大事である。書式設計の原型が完成後採用を決定する前に、短期間であっても現場で試用し、変更が必要かどうかの最終的チェックをする。運転／管理担当者は定期的な書式の再検討を行い、現行ニーズに十分適合しているか、改善の必要性の有無を確認する。

10.4 操作上のデータの要求事項

施設運用に必要なデータを得、涵養する水量を測るためには、涵養区域に入ってく

る水と出ていく水の量を測定することが必要である。自流水または自流水と導入水との混合水を用いての涵養では、河川中に数カ所の流量測定所を設置することが必要になる。涵養水に導入水のみを使用している場合は、流出水はなしと推定し、導入施設からの産出量の計測だけで十分とする。

　地表貯留や地表涵養施設をもつシステム全体を捉えようとすれば、流入へ降雨・流出へ蒸発を加えて考える必要がある。計測は当初頻繁に行い、時間とともにデータがどのように変化するかを見極める。一度変動の傾向を把握したならば、スケジュールを立て、精度を保ちなおかつ経済的に測定するようにする。スケジュールは収集されているさまざまなデータを統合して考え、収集費用をできるだけ節約すべきである。

　涵養システム（特定する記載のない限り、地表・地表下涵養）の計測データは、これらに限定するものではないが、つぎのようなものを含む。

・水源の流量・所要時間・水質
・涵養システムの各ユニットへの流入量・流入時間・流入水の水質
・地表涵養システムからの流出量・流出時間・流出水の水質
・ユニット毎／全システムの時間に対する涵養量
5 涵養直下および周辺地域にある地下水までの深度とその地下水の水質
・ユニット毎／全システムの電力使用
・時間に対する涵養（地表）池の水深
・池（地表涵養）を干した時の、目詰まり層の厚さと成分
・涵養井戸の流れが加圧下である時、各施設（地表面下）での時間と圧力
10 涵養井戸の流れが加圧下でない時、孔内の水位
・池表面への降水量と、そこからの蒸発量
・流入・流出場所おける水温
・ユニット毎／全システムの揚水時間・揚水速度・揚水量

　上記データはいずれも運転員が調和のとれた施設の運用を維持する上に欠かせないものであり、問題が発生した時には修正の基礎となるものである。涵養水の汲み上げが事業の一目的ならば、揚水時間と揚水量の記録をとるようにする。ポンプ効率の定期的な試験・水質の採取・地下水位の測定は、確定した日程表にしたがって実施し記録する。

　運転員は最適な水の分配をするために流入量の情報を必要とし、また、それによりバイパス管制御ゲートの設定をし直す。水源が複数ある時の制御判断には、すべての水源についての流入量の情報が涵養速度データとともに必要となる。ほとんどの涵養揚水併用井戸では、涵養流量はすべての井戸にそれぞれの井戸の揚水量に比例して分配され、井戸の回復限度を超えた貯留水が流出するのを最小限に防ぐようにしている。このことは、貯留帯の水質が悪く水質調整のために使用する水の量を最小限に抑制する必要のある地域でとくに重要である。

運用による涵養量の総量を知るには、涵養施設の下流に流れ出ている流量を測定する必要がある。下流に設置されている測定場所を通過した水の測定値を、降雨量や蒸発量について調整後、測定した流入量から差し引けば、涵養に使用された正味の量を求めることができよう。

ひとつの涵養システムが連続的に建設された複数の涵養施設からなると仮定した時、各施設を通過する正確な流量を測定できれば、それぞれの施設における涵養量の傾向を見る上に理想的な計測である。しかしそれぞれの施設が流水の中で涵養している量を正確に算出することは、貯留量と流量測定値の精度の限界もあり非常に困難である。こうした環境で作動する計測機器から得られる精度は、最良で±10%といったところであろう。

10.4.1　水位の測定

地下水人工涵養施設で最も重要な水位測定は静水位の測定である。この場合の静水位は帯水層の地下水位、もしくはポテンシャル水頭である。この測定は、揚水または涵養作業停止後に十分な時間をとり、水位が安定し、低下水位や上昇水位の影響が最小になってから行う。つぎに重要な水位測定は地表または地表下施設に隣接する水位の測定で、涵養水のマウンドの形とその成長速度を判断するために計測する。

10.4.2　水質の測定

水質のサンプリング一式と、水源・帯水層・揚水水を含む新規涵養施設の水質試験は、水質が使用目的にあっているかどうかを判断する最初に行われるべき調査である。水処理施設の追加が必要となった場合、設計の基礎資料を提供するのもこのテストである。立ち上げ後は、水質の完全解析を定期的に行うようにする。"汚染されていない水"の採取と解析的手法を含む政府の水質規制およびガイドライン（USEPA, 1995）をよく理解し、これらにしたがって水試料の採取と解析を行うようにする。

水試料の採取および輸送の間の汚染を防ぐため、試料を扱う要員の訓練を、有資格者である水質専門スタッフ・コンサルタント業者・水質検定所職員などの参加を得て行う（USEPA, 1995）。現場で行う砂・濁度・塩素についての試験は、幾分か運転員の技能を要するものになろう。試験機器を扱う時には必ずメーカーの取扱説明書にしたがう。

10.5 施設の追跡操作

涵養揚水併用井戸の実際の運用は予測運用と周期的に比較する必要がある。つまり、運用時のパラメータを時間軸に対してグラフ表示することで特定のパラメータの傾向が見えるようにする。その傾向により何がしかの修復作業が必要かどうかを判断する。

地表・地表下の施設では、改修を行う毎に改修後の涵養速度を記録しておく。

実際の運用と計画との間にかなりの隔たりがあっても、操作のわずかな変更や、あるいは予測した涵養速度／量の変化で十分な措置となるであろう。しかし、データの量／タイプや収集の頻度にも変更を要し、データベースや様式の更新が必要となる。

10.6 予防保全

予防保全とは、設備投資した機器の大がかりな修復や取り替えを未然に防ぐために行う定期的な措置／活動である。たとえば、涵養池を乾かして土を掻きほぐすこと、涵養揚水併用井戸や涵養井戸の周期的な揚水、潤滑油や保護材の塗布（メカニカル部分への油・グリース・塗料など）、劣化や繰り返し故障する部品の交換など。また、予定外の保全手当てを必要とする機器固有の状態の変化を検知するため、予防保全は設備の静的・動的要素の状態や作動を定期的に観測／記録することも含む。これらは、涵養速度の遅れ・機械要素の温度・流体漏洩の量／数・振動の大きさ・沈殿の速度などの関数の変化でもあり得る。予防保全は正規に日程表を組み、適宜、施設が稼動中もしくは停止中に行うようにする。**表9.1**に井戸の場合、**表10.2**に地表涵養施設の場合の予防保全案を示す。

10.6.1 地表涵養施設の維持

河道外涵養施設の運用には大きく2つのタイプがある。ひとつは"湿／乾サイクル"で、もうひとつは"定水頭運用"である。第一の方法では、池を満水にしその後流入を止める。池の水は土壌中に浸透し、数日後池は空になる。池底は乾燥して空気が入り好気状態になる。この手順を、浸透による池の排水ができなくなるまで繰り返す。その後池を空にして乾かし底の堆積物質を除去する。

涵養池の底から掻き取った泥土には病原性の有機物が含まれていることがあるので取り扱いや廃棄には十分注意する。

定水頭法では継続的に池を満水状態に保つ。すなわち、池を満たしたあと、池への

表10.2　予防保全（地表涵養運転中の点検・記録・確認項目）

頻度	河道外	河道内
毎日	水面標高もしくは水深 流入水の色・濁度 流入水の水質試料採取	流入量—流出量 河川の流量予測 流れの色・濁度
毎週	蒸発補正ずみ貯留量の変動 涵養率の変動 池の水質試料採取 バーム・レビー・バイパスの状態	流入量—蒸発補正ずみ流出量 涵養率の変動 バーム・レビー・ゴム引布製起伏堰の状態 流入水の水質試料採取（累積的）
毎月	ポンプ・堰・弁の維持管理 周辺地域内の水位	ポンプ・堰・弁・ゴム引布製起伏堰などの維持管理 周辺地域内の水位

時間間隔（頻度）は、実施後、適宜調整する。

水の流入速度を池からの涵養速度とほぼ一定に保つのである。この操作は涵養速度が受容できないレベルに低下するまで続けられる。その後、池を空にし乾燥させ、堆積物を除去する。ケースによっては、池を空にし乾燥させて池底をさらしたあと、堆積物を除去せずに涵養操作を再開することもある。ただしこの場合は、涵養速度が通常の速度を幾分か下回る。

ある期間以上池を満水にしておくと藻類や水生の雑草が繁茂してくる。藻類の生育は間欠的に営まれることが多く、水の濁度や温度に影響される太陽光の侵入に依存し、総合的には養分やその他の要因により制約される。枯れた藻類は池底に堆積し涵養速度を低下させる。対象とする水の化学的性質にもよるが、藻類の発生は硫酸銅もしくはその代替化合物を用いることで、化学的なコントロールが可能である。しかし、銅イオンが沈降し池底に堆積して問題になることもある。低濃度の銅が魚を死滅させてしまうケースも考えられる。こうしたことは水の化学特性、および加える銅の形態と投入量によって左右されるので十分注意する。他にも藻類コントロール用の化学物質はあるが、地下水質・涵養速度・魚類・住民の健康など、それぞれに及ぼす影響を十分考慮して採否を決めるようにする。

藻類の生育量は存在する栄養分の量に依存するが、生育速度は池が深くなるほど遅くなる。水深が4.0～4.5mになると浅い池より温度が下がり、池底への光の侵入も少なくなる。しかしながら目詰まり物質の堆積層が池底に一旦できてしまうと、深いところにあるもの程強い水圧を受けるので圧密化が進むことになる。

涵養操作のタイプのいかんにかかわらず、池底に目詰まり物質が形成され、涵養速度は究極的には受容できないレベルにまで低下する。この目詰まり物質は涵養水からろ過された澱んだ水に含まれている細粒物の堆積で、雑草や藻類の有機残存物による場合もある。この目詰まり物質を除去し、施設を初期の涵養速度に戻すことが必要で

ある。清掃の前に池は十分に乾燥させる。池を清掃することに決めたならば、ただちに排水を始める。池底とその周辺に設けた排水管は排水を促し排水時間を短縮させるのに有用である。深い池では、水位の急激な低下が池の斜面を崩壊させる危険もあるので注意する。

　草／土壌、および、媒体／繊維フィルターを使用している池では、特殊な機械装置、または手作業による特別な清掃方法を考える必要がある。

　最適な清掃量（清掃の程度）は、施設の涵養速度を減少させた分に相当するだけの表面堆積物質を除去することである。ふつう、涵養水中にある細粒物質の大部分、および雑草や藻類生育の腐敗物は池底表面で漉し取られるが、幾分かは池底面から数cm地下へ侵入する。したがって、涵養速度を復元するためには原生の池底の表層物質の除去を要する場合がある。この作業で、ふつう150mm未満の池底物質を掻き出す。

　150mmの物質の除去は、池底1ha当たり約1500m^{3}に相当する除去量になることを思えば、清掃はかなりの額の運用費を費やすものになる。こうした清掃作業には自己積込型のスクレーパを用いる。このタイプのスクレーパはその他の装置の助けは一切借りずに、数cmの地底物質を掻き出すことができる。さらに機械本体が比較的軽量な上に大きなゴムタイヤで走るため、清掃作業中に池底を圧密させることもない。自己積込型スクレーパの代替としては、モータグレーダや小型ブルドーザーのブレードを使って池底物質を掻き集める。掻き集めた物質は、1、2回の清掃期間中池底に放置しておくことができ、この間浸透へ重大な悪影響を及ぼすことはない。

　清掃方法が何であれ、池底での装置の走行は同じ所を何回も行き来せず最小の回数ですむようにして、できるだけ池底物質の圧密を増進させないようにする。池底の圧密が最小になるようにサイズ（単位面積当たりの荷重）の異なった装置を組み合わせて用い、走行回数を減らすなどの工夫が必要である。清掃作業の終了時の池底50mmから時により300mmに達する砕土や掻き取りは、清掃期間中に生じる圧密を克服するために行う。また、池底の掻き取りは、涵養水中の細粒物質が深い掻き取り水路に漉し出されたために池底の遮水が厚くなり、将来涵養速度を回復させるためにはさらに多量の池底土壌物質を除去しなければならなくなる、という事実に照らして考える必要もある。時折、深さ0.6～1.0mの土壌サンプルをとって圧密が生じているであろう深度をチェックする。この深度で圧密が検出された場合は、その深度に達することが可能なトラクターやリッパの使用が望ましい。この深度での掻き取り後池底はスムーズさを取り戻し、上記の深部浸透で発生するトラブルを回避できよう。

　池は清掃のつど、もともと底にあった土砂をわずかながらも掻き出すので次第に深くなる。池底に砂や豆砂利を敷くというある実験的な試みが行われた。池の清掃が必要になった時、池底にもともとある土砂を移動する代わりに、この物質を取り出し・洗い・再度池に戻して底に敷くという試みである。この手順はある状況下では有効に

表10.3　予防保全（井戸運用中にチェック・記録・実施すべき項目）

頻度	井戸	ポンプ
毎日		モータ／エンジンの温度変化
		軸受温度の異常上昇
		揚水吐出量
		異常振動
		モータ／エンジンのノイズ変化
		ポンプ吐出圧力
		ポンプシャフト遮水の漏れ
		作動中の計器
		水の色と濁度
		潤滑油滴下速度
		化学薬品供給速度
		必要な潤滑油
毎週	揚水水位	油量―正しい角度の歯車
		液面シャフト潤滑油ディタンク（水または潤滑油）
		ワット時および稼動時間計、流量計の合計
		エンジン燃料消費量
		エンジンオイル／グリース
毎月	出砂の測量	電気モータの各相における電力降下
	井戸周辺の地盤沈下チェック	井戸水中のオイル

働いたが、一般的にはいまだ容認されてはいない。

　表10.2は地表涵養施設に求められる予防保全項目のいくつかをリストアップしたものである。

10.6.2　人工涵養井戸の維持

　予想どおり、予防保全を必要とする項目は、井戸そのものよりはポンプや原動機に関連して多くある。**表10.3**はこれらの項目をいくつか表にしたもので、井戸稼動中の作業頻度も示した。**表9.1**には井戸停止時の予防保全作業の内容を掲げた。ポンプや原動機には幅広い選択肢があるので、これらのリストにすべてが含まれているわけではない。メーカーが各装置・機器に添付する使用説明書をよく読み、適宜必要な項目を予防保全作業日程表に組み込む。

　井戸とポンプが正常に機能している間は予防保全の大部分は自ら受動的なものになる。すなわち、振動・流量・水温・水位など現行の運転パラメータの定期的な観測と記録を行う。日程表にないメンテナンスが必要であることを示唆する性能傾向は、遵守・記録・保管項目のチェックリストから検知することができる。行動的な予防保全

作業ももちろんある。たとえば、給油・グリースの注入・パッキング箱のパッキング押さえの締め付け・記録用紙の取り替え・井戸ヘッドへの化学薬品の添加・定期的に行う通常の清掃。

　注入井戸周辺の帯水層中へ、短期間、高濃度塩素処理による初期消毒を行うことも望ましい。これにより帯水層中にもともといたバクテリアが注入水とともに入ってくる酸素と食物によって活性化し、生育することを防ぐことができよう。塩素処理は第一次消毒処置として用いられてきた。カリフォルニア州ロサンゼルス郡の初期の試験では $8 \sim 12 mg/\ell$ の塩素濃度が用いられた。検証期間を経て塩素濃度は$1.5mg/\ell$ 台に引き下げられた。補足的な塩素の添加は1970年代初期に終了した。それ以来、ここでの運用は配水される注入水に含まれる$0.5mg/\ell$ の残留塩素にのみ頼って維持されている。こうしたことから、注入井戸周辺帯水層に初期消毒を行うことにより、バクテリアの生育を低塩素濃度で制御／維持することが可能であることが明らかになった。とはいえ、トリハロメタンや親水性酸などの濃度は帯水層に貯留されている間にバクテリアの活動やその他のメカニズムによって減少または消滅する傾向をもつものであるが、塩素消毒が原因となってこれらの物質が地下水中に過剰に存在するようになっていないか、という観点からの評価も必要であろう。塩素よりむしろクロラミンで処理した注入水を供給しているところでは、バクテリアによる注入井戸の目詰まりが増加する傾向にある。この原因としては２つのファクターが考えられる。(1)クロラミンは遊離塩素ほど効果的に作用しない、(2)水中の過剰窒素がおそらく硝化作用を行うこと。涵養や揚水の停止期間中に、井戸の消毒を保つために塩素処理した水を井戸内に15ℓ/分以下で滴下することを推奨する。滴下量は、少なくとも残留塩素がほぼ消滅する一日の間に井戸内の水がすっかり入れ替わるに十分な量とする。

10.6.3　腐食の防止

　大口径涵養井戸のほとんどは鋼または合金を含む鋼製のケーシングおよびスクリーンで構成される。一旦井戸が完成してしまうとケーシングやスクリーンの外側を検査することはできなくなる。井戸内部は降下式のTVカメラで検査することが可能であるが、かなりの費用がかかる上、井戸の内部全体を検査するためにはポンプの撤去も必要になる。したがって、井戸の腐食の可能性については、井戸の設計の際十分注意して工夫しておく。

　腐食性の水であることを示すと考えられる要素はつぎのとおりである。
・酸性であることを示す低pH
・水中の溶存酸素
・水中の水酸化硫黄
・高濃度の全溶存物質（$500mg/\ell$ 以上）

・50mg/ℓ を超える二酸化炭素
・300mg/ℓ を超える塩素イオン
・井戸内の高水温

　上記要素が井戸の建設地域全般に見られるならば、腐食に強い鋼材や非金属製のケーシングやスクリーンを使用するなど、緩和策を考慮する必要がある。ケーシングとスクリーンの金属厚を大きくして腐食代を提供すること、金属表面をコーティングすること、陰極防護システムなども利用できよう。

　井戸の建設にPVCケーシングを利用することも選択肢のひとつである。これは多くの場合、安価につき、金属性のケーシングから剥離する腐食物質が井戸を詰まらせることもない。さらに重要なことは、涵養・揚水井戸における改修後の揚水再開時、あるいは涵養揚水併用井戸での涵養から揚水への切り替え時、最初に吹き出す錆を含み茶色に濁った水の処理を軽減、もしくは不要にするということである。

　井戸の運転中、水位の変化はケーシングを湿潤させたり乾燥させたりすることになる。金属に接触する水は高レベルの溶存酸素をもち、腐食を加速する。井戸内の水位が低下した場合も同様なことが生じ、それは揚水レベルがスクリーン部分の標高よりも低い位置にある時、しばしば発生する現象である。

　Roscoe Moss Co.（1982, 1985, 1990）によれば、水質が一般にアルカリ性を示す合衆国やその他の国の大部分の地域において、運用期間を50年以上とする水道水源井を建設しようとするならば、飲用水中で腐食速度をほとんど無視できるステンレス鋼の使用は必須であるとしている。さらに壁厚を2倍にすれば、腐食性が特別に大きな水中でない限り、井戸の寿命は4倍かそれ以上もつものと思われる。

10.7　潜在する問題

10.7.1　地表涵養施設の目詰まり

　地下水涵養システムにおける主要な課題のひとつは土壌の目詰まりである。これは、地表からの浸透・井戸による注入システムのどちらでも起こる。土壌間隙の目詰まりは、涵養水の水質に直接かかわり、水の懸濁物質量関数・地表水と土壌マトリックスとの化学的融和性・微生物の活動などに影響される。地表涵養システムの目詰まりは、池の側壁や底あるいはその他施設の各部分へ、水源水中の懸濁物質が堆積して進行する。涵養井戸の目詰まりも同様の原因・手順により、井戸スクリーン・充填砂利・周辺の帯水層中に発生する。目詰まりの原因となる固形物としては、シルト・細砂・粘土のような微細な無機粒子、フロック、藻類その他分解中の有機物、またはその他の有機物質（たとえば、下水中に見られるようなもの）などがある。さらに、微

生物が土壌や濡れ縁に生育し、有機物そのものやそれらの代謝物質（間隙を塞ぐようなバイオポリマーやガスなど）で土壌の間隙を詰まらせるバイオフィルムを形成する。目詰まり層の厚さは1mm以下から数cm、時にはそれ以上になる。目詰まり層は透水性が低く浸透速度も遅いので、目詰まり層が形成されないようにできる限りの策を施し、また浸透速度が許容限度を超して低下した場合には定期的な除去が必要である。

シルトや粘土のような非生物的ファクターによる目詰まりは、生物的な目詰まりより容易に予測でき、管理することができる。懸濁物質の堆積による表面の目詰まりは、涵養水中の懸濁物質量に直接比例して進行する。堆積・ろ過・圧縮・圧密は継続的に生じ、涵養表面に膜を形成する。特殊な沈殿池・地表流—植生ろ過システム・建造湿地などの施設において、懸濁物質を（必要なら凝固剤を用いて）除去することが、主な対策法である。

涵養施設で生物を育成するにはエネルギーと栄養源が必要である。微生物の自己再生能力のため、当初栄養濃度がほんのわずかな大きな池であっても、時間とともに生物が成長し大がかりな目詰まり問題を抱えることになる。生物の生育速度は、暖かな温度・日射、水中に溶解／溶存する栄養分の濃度に比例して速くなる。栄養分（燐と窒素）を除去する前処理は、生物学的目詰まりを減少させる意味で有用である。水の入れ替えを頻繁に行う浅い池と、水の交換率が低くしたがって同じ水がより長期間日射に曝される深い池とを比べると、懸濁藻類の生育は前者でより遅い。また、ひどい酸欠状態にならないように、涵養水中に適宜溶存酸素を供給することも重要である。藻類が繁茂している状況では光合成によって（二酸化炭素の摂取により）水中のpHが増加し、そのために酸化カルシウムが沈着して目詰まりプロセスを促進させる。

目詰まりの主な原因が溶存有機物である場合には、浸透速度の低下は単に池を干すだけで回復する。すなわち、干上がった池底の目詰まり層は乾き、縮み、割れ、巻き上がる。そして、これが層内の有機目詰まり物質を部分的ではあるが分解する。しかし終局的には、目詰まり層は次第に厚くなり、除去しなければならなくなる。特殊なシェービング（削り）・スクレーピング（掻き取る）・レーキング（引っ掻いて集める）技術を駆使して除去する。この除去作業を容易にするため池底はできるだけスムーズにしておく。涵養システムでは表層土壌に多くの礫が露出することは避けなければならない。とくに大礫や巨礫が混入していると、目詰まり物質は礫間の細粒物質中に集積し、除去が困難になる。ディスクハロー（トラクター農機具のひとつ）で耕す、あるいはその他の方法で目詰まり層を粉砕することは一時的に有効である。しかし結局は、表面土壌が細粒物質で目詰まりし、耕した深さまでの土壌を除去しなければならなくなる。

$CaCO_3$、Fe、酸化マンガンのような化学物質の沈降は表面や表面近傍の化学的・物理化学的状態に依存する。硬度の高い水はアルカリ土中での$CaCO_3$沈降の原因とな

る。水中の高溶存酸素は鉄分を含んだ土中に鉄・マンガンの酸化物を形成する原因となる。

　涵養池の水理的負荷を最大限利用するために、最良の湛水・乾燥・清掃のスケジュールの設定が必要である。そして、このスケジュールは、全面的な施設設計をする前の実験用／パイロット施設、または全施設そのものを用いての実地試験によって作成するものでなければならない。システムには柔軟性をもたせることが、非常に重要である。実際、池を管理していると、"池は皆独自の個性を有する"、"それぞれが独自の最適スケジュールで湛水・乾燥・清掃を行うよう要請している"と、しばしば思いいたらせられるものである。したがってマルチ池システムでは各池を水理的に独立させ、独自の水供給／排水（必要に応じ）施設を備えることが望ましい。時には地元住民にとって厄介な昆虫の繁殖や脳炎・マラリアなどの病気の蔓延など、その他の要素によって池の湛水・乾燥スケジュールが決まることもある。腐朽する藻類や他の有機物質からの悪臭も問題になろう。池をレクリエーションの目的に利用しようとする場合には、浮遊ごみ・藻類が大量に集積しないように管理が必要になろう。地下水涵養池の形状は必ずしも正方形や長方形である必要はない。むしろ、魅力的な景観をもつ自然なラグーンの形で建造し、野生動物の保護域・自然歩道・バードウォッチング・その他人々に自然に触れるレクリエーションの場を提供できれば、より望ましい形態といえよう。

　河道内浸透システムでは、細粒物質は流水によって絶えず懸濁された状態にあり、転移／変換を繰り返す侵食・堆積パターンによって目詰まり層も堆積する暇がなく、いわば自然に清掃される。システムによっては大規模な洪水流やその他の高水流が周期的に発生し、底に堆積した細粒物質をすべて流し去るというケースもある。

10.7.2　涵養井戸の目詰まり

　沖積帯水層中の涵養井戸は、井戸の直ぐ外側の水と土壌の界面部が実質的には円筒状の"砂"フィルターとなっているので、目詰まりを起こしやすい構造をもつ。流れの速度と"フィルター"を通る水の量は、従来型高速砂フィルターでの低流量域のデータに対比される。目詰まりは、生物の生育・懸濁物質のろ過・化学的反応・気体結合（ガスが結合材として作用する）・その他の理由によって起こるものと思われる。石灰岩や火山岩層中の井戸で未固結帯水層におけるような目詰まりが生じないのは、ろ過作用のレベルが低いからである。

　Johnson (1981) は注入井戸の目詰まりの主な原因をつぎのように報告している。
・帯水層中のガスの結合または空気の混入
・注入水中の懸濁物質
・注入水により搬入され、その後バクテリアの生育により目詰まり状態になる帯水層

の汚染
・非溶解性物質の沈降の誘引となる、地下水と注入水の間の化学反応
5 粘土鉱物の拡散／膨潤を引き起こすイオン交換反応
・エアレーションの結果としてのイオンの注入水中への沈降
・注入水と地下水中での生物学的変化
・帯水層の脱水部分における粘土コロイドの膨潤
・井戸と帯水層を通る流水の方向が反転する際の粒子の移動に起因する帯水層物質の
　メカニカルジャミング

　鉱物は砂利の詰まったフィルター内の井戸スクリーン上に沈着し、また涵養井戸に隣接した帯水層内にも涵養水と天然の地下水／帯水層物質との相互作用により沈降する。涵養井戸での主要な問題は井戸周囲の帯水層の目詰まりで、とくに懸濁物質の集積やバクテリアの生育が集中しやすい削孔周辺の環境（砂利フィルターと帯水層との相互作用）で顕著である。涵養井戸が地表浸透システムよりも目詰まりの被害をこうむりやすいのは、削孔周辺での帯水層への浸透速度が浸透池における浸透速度よりもずっと高いからである。加えて、涵養井戸における目詰まりの修復は、乾燥して掻き取るだけですむ地表浸透システムに比べはるかに困難である。比較的低圧下で涵養を行い逆洗（揚水）を定期的に行う二重目的で使用される涵養揚水併用井戸では、一般的にこうした問題は解消ずみである。

　少なくとも部分的に目詰まりにより、未固結層または多孔性物質（砂・砂岩）からなる層にある涵養井戸の比容量（比注入率）は、ふつう揚水時の比容量の25～75％である。目詰まりは帯水層物質が細粒化するほど深刻になる傾向がある。溶食孔や二次的な間隙をもつ亀裂質岩石や石灰岩ではあまり目詰まりは起こらず、長期の涵養速度は揚水速度とほぼ同じであると見ることができよう。

　涵養水が塩素ばかりでなく窒素や化学的崩壊性の有機炭素を含んでいると、塩素濃度が消失した井戸から幾分離れた帯水層中で生物学的活動と目詰まりが活発化することがある。この"井戸から幾分離れたところ"の目詰まりは制御が難しいが、井戸の涵養速度に影響していない限りさして重要な問題にはならない。薄膜ろ過指数・注入水の同化有機炭素成分・実際の涵養井戸システムよりもずっと高流速の試験カラム中での目詰まりなどは、相対的な目詰まりの可能性を水の種別によって識別するパラメータとして有用である。実際の井戸の涵養速度の低下は不規則で季節的、水質特性の微妙な変化に対しても反応するきわめて神経質なものである。

　涵養水中に溶存する有機・無機の物質は水中に生物の生育を促す。生育はケーシングの内外に、さらに井戸から幾分離れたところの帯水層の表面・帯水層中の間隙にも展開する。最も厄介な生物の成長はスライム状のバクテリアである。その生育は、注入水が搬入する新規の有機物と帯水層中にもともとある休眠中の微生物が外来の栄養分に刺激されて活動化することにより、一層促進される。典型的な目詰まりは、スラ

イム状物質の生育そのもの、またはバクテリア活動がもたらす化学物質が直接の要因となる。こうした化学物質には硫化物の還元・鉄やマンガン塩の沈降などが含まれる。

下水処理水を涵養に使用するには、特別の注意が必要である。再生下水を使用した涵養実験は、ニューヨーク州リバーヘッド、ニューヨーク州ナッソー、カリフォルニア州オレンジ郡、カリフォルニア州ロサンゼルス・ヒューペリオン、カリフォルニア州パロアルトなどで実施され、その結果、有機物質の完全除去が砂質帯水層中の目詰まりの視点から涵養井戸の最大の防護策であると実証された。活性化炭素床や逆浸透膜のような高度水処理用の最新技術を適用する三次処理が求められている。

10.7.2.1 懸濁物質

沖積帯水層のろ過作用の特性により、注入に用いる水は理想的には全く沈殿物を含んでいないものが望ましい。涵養水が沈殿物を含まないということはほとんどありえないので、涵養井戸の定期的な改修と涵養揚水併用井戸の定期的な揚水により、井戸に沈殿物が堆積しないようにすることが肝要である。注入水中に含まれる混濁物が、井戸ケーシングと充填砂利との境界・井戸周囲の充填砂利内・充填砂利と帯水層との界面・帯水層それ自体の内側に沈着して目詰まりを起こす。粒子のサイズや地層成層構造・流速などにもよるが、混濁物は井戸表面の直ぐ外側に漉し取られたり、地層中に持ちこまれたりすることもある。井戸掘削後の仕上げの間に除去しないと、掘削孔壁にこびりついた掘削流体の残留層から細粒物質が侵食され、もしくは地層それ自体の内部から、もともとそこにあった細粒物質が流出することになろう。これらの粒状物質は目詰まり物質として効果的に作用する。そして、涵養水の流速があまりに高いと、堆積粒子はより密度の高い透水性の低いパターンに指向性を変換することもあろう。

10.7.2.2 化学反応

化学反応による涵養井戸の目詰まりは、スクリーン・ケーシングの開孔部・地層面、または帯水層そのものの内部に生ずる。化学的な目詰まりの原因は、(a)水酸化鉄・重炭酸塩第一鉄・金属硫化物（硫黄）・炭酸カルシウムなどを含むバクテリアの代謝生成物の沈着、(b)注入水や沈殿物を生み出している帯水層中の溶解化学成分の化学反応、もしくは石膏のような可溶性物質の溶解と再沈着、(c)土壌（粘土）粒子を分散／膨潤させる土壌粒子と高ナトリウム水の反応。

安定化炭酸カルシウムを成分とする家庭用水道水は、充填砂利内や井戸ケーシングに隣接する帯水層を通る際に不安定になり、かなりの沈殿を起こす。炭酸カルシウムの沈殿作用は充填砂利と帯水層中の物質がもたらす大きな表面積によるものと思われる。炭酸カルシウムにとっては形成の好機が際限なく提示されているようなものであ

る。沈殿が続くと地層の間隙は小さくなり、初期の流速を保つためには注入水頭を次第に高くしなければならなくなる。カリフォルニア州ロサンゼルス郡の海水浸入防止事業では、酸を注入してpHを下げることによりこの問題を幾分か解決するのに成功した。しかしこの手法は、いまだ経済性にも優れた最適法として完成するにはいたっていない。pH調整はいくつかの涵養揚水併用井戸サイトで、鉄・マンガンの沈殿を低減するために用いられている。

沖積帯水層の中には、天然の（もともとある）水と異なる化学特性をもつ水と接触することで、粘土が膨張するという現象を見るものがある。これは、一般に塩基交換粘土を含む地層物質が高ナトリウムを含む水に曝されると発生する。粘土物質は解膠し間隙を小さくし、地層の目詰まりを促進する。

10.7.2.3 拘束空気

注入水中に自由空気が入ると泡となる。この泡は沖積層の間隙に押し込まれ、透水係数を低下させて地層の目詰まりを促進させる。こうした目詰まりは、また注入水に溶存するガスが要因ともなり、ガスは、注入水の温度が帯水層中のもともとの水の水温よりも低い時、あるいは注入水の溶存ガスが過剰に飽和している時に気化する。その結果生ずる気泡が帯水層の間隙を埋め、透水係数を下げさらには涵養速度を低下させる。したがって、涵養水中の溶存・混入空気の濃度は常に小さく維持しなければならない。涵養井戸での水の自由落下は空気の取り込みを防ぐため避けるべきである。時折涵養揚水併用井戸で見るように、井戸水頭を真空状態にして涵養を行う場合は、設計・建設・操作の段階で、空気を混入させてしまう空気漏れがないよう十分注意する必要がある。もし空気が間隙を埋める空気拘束が起きてしまったならば、空気が水に溶解する時間をとりながら（4.1.2）大規模なポンプによる揚水を行い産出量を回復することが必要になろう。

10.7.3 乾式井戸の目詰まり

地下水涵養に乾式井戸を用いる際の最大の課題は、井戸壁に目詰まりが生じることである。一旦目詰まりが起きてしまうと、井戸の内面から目詰まり物質を除去することは事実上不可能で代替井の建設が必要になる。井戸は不飽和帯にあるので、井戸への地下水の流入はなく、内側表面から堆積物が洗い流されることもない。目詰まりを防止もしくは最小限に抑制する方法として考えられることは、唯一井戸内に懸濁水の流入を許さないことであろう。また、井戸を掘削する粘土層のスレーキング（石灰の消化）やスラッフィング（土砂の陥没）がもうひとつの目詰まりの要因となる。これらは井戸内の水の濁度を上げ、透過帯にある井戸壁を通って水が周囲の帯水層に浸透する時に井戸壁を目詰まりさせる。この問題は、粘土層を保護もしくは遮蔽して浸透

水から遮断することで軽減させることができる（10.9.3）。

10.7.4　水深

浸透速度を最大にし不都合な影響は最小にするという立場から、最適な池の水深を決めるのは地域に固有の条件であり、その評価も現場での実験に勝るものはない。地表涵養システムでの高水頭は、高い浸透速度をもたらすが、一旦目詰まり層が構成されるとそれを圧縮するようになる。池の水位が高くなるほど側面からの浸透域が広がり、水の回転率は下がる。その結果、水温は上がり藻類の成長速度を速める。他方、浅い池では水の回転率がより高く、浮遊藻類の生育は抑制される。とはいえ浅い池でも、暑い季節には水温が上昇し、栄養分の制約は受けるものの藻類や水生植物が繁茂するものである。

10.7.5　地下水面

地下水面が高いことによる浸透速度の低下を防ぐためには、浸透池を地下水面より十分上に位置させなければならない。浸透システムの底がきれい（目詰まり層がない）でその下に粘土層もないとすると、池の水と下層の地下水とは水理的に直接連続した状態にある。その場合、池からある程度離れた地下水面の深さは、地下水面のマウンド表面の勾配は基本的に平坦になっているとして、池の水面下垂直距離で矩形の池または池区域の幅の少なくとも1.5倍に相当するものとする。しかし実際には、浸透池のほとんどで、浸透プロセスをコントロールする濡れ縁に目詰まり層が形成されやすい。目詰まり層の下方が不飽和になると、池の水とその下の地下水との直接的な水理的連続性が断ち切られることになる。この時地下水面は、池底ほぼ1mのところまでは大幅な浸透速度の低減を伴うことなく上昇するが、池底から地下水面までの深さが1m以下になると末梢毛管が池底に向って伸び始め、水面が上昇するにつれ浸透速度が低下する。浸透池下の地下水面の上昇は解析的に予測できる（Glover, 1960；Hantush, 1967；Bouwer, 1978）、または、多くの地下水モデルを用いたコンピュータモデル化での予想も可能である（10.7.10）。

10.7.6　望ましくない土壌条件

表面または表面に近い土壌層の透水性は低い。こうした表層の土壌はそれほど深くなければ除去し、より深層のより浸透性の高い土壌を露出させることで、涵養速度を高めるようにする。ある種の土壌は粘土の拡散により涵養水によくない反応を示すこともあり、そうした場合は、水または土壌を石膏や塩化カルシウムで処理することが

必要になる。

10.7.7 悪臭と病原媒介生物

湛水期間が著しく長い、もしくは維持管理が不十分な施設（清掃不足やアシの繁茂など）は、悪臭の発生源、あるいは害虫繁殖の温床となる。

10.7.8 健康への影響

メンテナンス不良の池／その周辺から、蚊を媒介として病気が蔓延する可能性は否定できない。地表浸透や土壌―帯水層に対して行うウィルスやその他の病原菌駆除のための処置は、よく設計された水質サンプリングと分析計画を駆使して厳重に監理し、公衆衛生問題が起こらないように予防することが大事である。

土壌帯水層浄化後の都市下水を灌漑やその他非飲用にあてた場合、健康への影響を考えるならば、焦点の的は病原菌になる。人体への暴露が多くなればなるほど病原菌の許容濃度は低くしなければならない。人体への暴露がかなりの程度になるところでは、腸内バクテリア・ウィルス・寄生虫などを含む微生物指標レベルを基本的にゼロにする（USEPA, 1992）。他方、作物の灌漑では、植物が望ましくない有機化学物質を吸収する、あるいは、人が摂取するという問題がある。土壌帯水層浄化後の水中のTOC（全有機体炭素）は通常数mg/ℓ程度であり、個々の成分の濃度はg/ℓレベルであろう（Bouwer et al., 1984）。これらの濃度は非常に低いが有機物質の中には土壌に吸着されて蓄積するものもある。そこで問題は、これらの化学物質が地下水に混入し運搬され作物に吸収されたあと、その作物を摂取する人や動物にどのような影響を与えるのだろうかということである。地下水涵養水ばかりでなく、植え込みにまく地表水中にも病原性有機物に伴うリスクは存在する（Lee & Jones-Lee, 1996；Nellor et al., 1984）。

飲用水に利用する場合、病原菌は適切な殺菌処理で撲滅できるので問題はもっぱら残留TOCとなる。注意すべき有機化学物質はつぎの3グループに分けられる。(1)家庭・病院・工場・その他の発生源から下水中に加えられ、土壌帯水層浄化後も残存する耐性の強い有機化合物、(2)土壌帯水層浄化の前／後の塩素消毒がもたらすDBP（殺菌副生成物）、(3)下水中に既存の、または有機物質の分解により土壌や帯水層中に形成されるフルボ・フミン・その他の酸（TOC）、およびTHM（トリハロメタン）前駆物質。土壌帯水層浄化や殺菌後の排水中に残存する望ましくないTOCをいかに最小化するかについてはさらに調査が必要である。AWWARF（1996）の調査では、殺菌時の副産物は帯水層貯留の間に減少し、ハロ酢酸は通常数日後に消滅し、THMは数週間で減少または消滅すると示唆している。DBP前駆物質も減少する。好気

性／嫌気性細菌の活動が減少の主要因であると思われる。前処理にオゾンが有効なのはTOCのいくつかの物質を生物分解がより可能な物質に変換するからである。こうして生まれた生物分解がより可能な有機体炭素は、つぎに二次的利用や相互代謝作用により、土壌帯水層浄化システム内のより頑固なTOCをより多く除去するようになろう（McCarty et al., 1984）。オゾンからのDBPにも評価が必要である。非分解性の有機体などを含む化学成分が地下水質へ及ぼす潜在的脅威が問題である（NRC, 1994 ; Lee & Jones-Lee, 1996）。

　処理下水で涵養した帯水層の水を飲用している地域での疫学研究は、これまでのところ、こうした水の飲用が健康に悪影響を及ぼしているという確たる証拠をあげてはいない（Nellor et al., 1984 ; Sloss et al., 1996）。それゆえに、米国家調査研究評議会（1994）および米水道協会（McEwen & Richardson, 1996）は、都市下水の間接的飲用使用について認可証を発行している。ここでの問題の鍵は間接的再利用である。下水処理施設と水道システムをパイプで直結して再利用する直接再利用は、現在のところ認められていない。むしろ、処理後の水は、飲用に供する前に地表水（河川・湖・貯水池）や地下水（帯水層）を経由することが義務づけられている。地表水を通過していく間には、蒸発による損失・動物や人間による二次的な汚染・藻類の繁茂などのマイナス要素が発生し、その結果水の味は低下し、代謝性物質（THM前駆物質）を生成（この生成物は塩素処理にあえばたちまちTHMになるものである）することになる。こうした不具合は地下水涵養では生じない。そのことが土壌帯水層浄化と貯水にさらに公益性を付加し、美的価値観を高め、飲用可能な水の再利用を人々に許容させる結果をもたらしている。計画的な水の再利用は、基本的には水の循環を制御不能な地球規模から制御可能な地域規模に凝縮することであろう。

　その他人体への健康上の影響は、主として微生物が要因となる水を媒体とする伝染病にかかわる問題である。この問題は、土壌帯水層浄化後の下水の灌漑やスプリンクラーで下水を散布する際のエアロゾルの吸入などで、野菜に付着した病原菌を生食時人体へ摂取する、あるいは土壌帯水層浄化後の下水で湛水した水泳用プールでの不測の飲水による病原菌の体内への取り込みなどで発生するものである（Asano et al., 1992）。また、土壌帯水層浄化後の下水を利用／灌漑する公園・運動場・ゴルフ場・その他の地域における人体と水との接触、あるいはそうした水を灌漑に使用している農民について同様な危惧がある（Lee & Jones-Lee, 1996）。最小限の感染リスクの正確な定義が必要であろう。土壌帯水層浄化を含む水の再利用では、システムに病原菌を排除する特別の防護壁を設けることができ、とくに通常の水施設や下水処理施設では、除去の困難なクリプトスポリジウムのような菌に対しても有効に対処可能である。

10.7.9　環境

　拡散池が水鳥や他の水生生物に生息の場を提供する一方、地表拡散のため広大な土地を使用することは、多くの場合、絶滅危惧種である魚類・陸生／水生種の追い立てや、破壊的影響を受ける文化財などの移動を強いる結果になる。他方、池を多目的に利用すれば、人々にオープンスペースやレクリエーション用地を提供することができる。涵養水源に及ぼす環境的な影響も評価が必要である。事業の環境に及ぼす影響への取り組みが徹底していないと、最大限譲歩しても、工期の遅れ・追加費用の発生は否めない（6章）。環境問題に関する地域の規制や住民の意見を理解することも重要である。

10.7.10　地下水のマウンド（地下水堆）

　地表浸透施設に水をため、結果として起こる浸透により、池直下の地下水面に涵養マウンドが形成される。涵養池の直下に難透水層があって、涵養水の下方への動きが制約されると、局所的な宙水面が形成される。この難透水層には、局所的な粘土のレンズや混入大気などが含まれる。時には、帯水層の基底が難透水層となり、非常に大きなマウンドが形成されることもある。マウンドの範囲は、帯水層の水平方向への透水性、制限層の深さ・幅・垂直的透水性、およびマウンド表面の高さ・勾配に依存する。マウンドは、浸透池の底から数m以内まで上昇することがあるが、その上端はそこ止まりとしなければならない（10.7.5）。飽和土壌の条件下での浸透速度は、マウンド基底の垂直フラックスと、マウンド縁の水平フラックスとの両方の制約を受ける。マウンド縁からの距離が大きくなると浸透速度は低下する。不飽和帯に障害となるような物質がないと地下水面上にマウンドの基底部が形成され、それとともにマウンドは高まる。

　帯水層の飽和帯より下層への水の涵養は、井戸周辺の自由地下水面を上昇させ"涵養マウンド"を形成する。被圧帯水層に水が涵養されると涵養井戸近傍の加圧層に対して圧力がかかる。このようにして、涵養マウンドは結果としてのポテンシャル（圧力）面で構成される形状として表現される。

　単独涵養井戸では、マウンドを揚水井戸が降下する円錐形状の鏡像として捉え、涵養円錐、もしくはインプレッションコーンと称する。したがって、揚水井戸の公式を使用して単数／複数の井戸の涵養円錐の形状や動きを推定することができる。必要なデータは影響半径・透過率・貯留係数・漏水率・涵養地点からの異なった距離における水位低下などであり、帯水層中の揚水井および観測井の記録から得られる。ただし、これらのデータを使った計算結果は実際の涵養中に観測井から採取した実測値に照らしてチェックし、理論値のずれを正当に評価しなければならない。とくに涵養水

頭は、同じ流量における揚水の水位降下よりも大きく算定される傾向がある。

10.7.11　堰堤や基礎からの漏水

　堰堤の内側や、ゴム引布製起伏堰・フラッシュボードダムを支える基礎に初めて湛水する時は、アバットメントや流下水路域から漏れがないかをチェックしなければならない。水が土壌物質を全く運んでいなければ多少の漏水が認められることもある。土壌の消失は堰堤や基礎の崩壊をまねくからである。堰堤や河床物質の透水性によってある程度の漏水は常に起こるものである。

　漏水がアバットメントの周囲や土堤を通してあるいは土堤の下で起こり、土壌粒子が流出している場合は、ただちに改修作業を行う。まず、堰堤の上流側の池の水位を少しずつ漏水がほぼ止まるまで低下させる。注意深く堰堤上流側の漏水の入り口を探す。水位を急激に低下させると堰堤上流側の飽和部分を崩壊させることがある。漏水は必ず堰堤上流側から止める。下流側から漏水を止めようとしてもほとんどうまくいかないのは、補修箇所の周辺に新しい水の通り道ができる、あるいは堰堤内部の圧が高まり、崩壊がますます確実なものになるからである。

　河道内に砕石で基礎を固めた斜面を構築して堰堤を築く。石積みの部分はアバットメントになるので、漏水やパイピングが起こらないようにこの部分を遮水する必要がある。最も有効と思われるのは、河道の側面勾配を石積みする際内側を粘土の芯で固め外側に砕石を置く方法である。これが不可能な場合は、堰堤を使用し始める年の前年にアバットメントの部分を建造しておく方法でもよい。雨期が始まる前に河道側斜面に約1.5mの堰堤アバットメントを築いておく。こうすると降雨が石積みの間に堰堤の土砂を運び込み堰堤端を遮水する。どんな場合も必ずこれが成功するとは限らないが、堰堤が同じ場所に長くあればあるほど遮水効果は増大する。堰堤の移動や除去があっても、アバットメントの部分は常に残しておくようにする。堰堤の構築途中で石積面が流れで洗われ含有物質が砕石の間に入り込むことは、これまでのところよい結果をもたらしていない。

10.7.12　ゴム引布製起伏堰・フラッシュボードダム

　ゴム引布製起伏堰にとって最大の危難は心なき破壊活動である。銃穴は小さな丸プラグで簡単に修理できる。しかしナイフによる切り裂きはダムの全長にわたって裂け目が広がり、ダムを破壊してしまう。切り裂きの両端のストレスは切り裂きの長さとともに増大する。高ストレスは切れ目の最終端に集中するので、いまだ損壊していない補強筋の最初のものがこの高ストレスに対応する。ストレスが筋の強度を上回ると筋が壊れ、今度はつぎの補強筋が高ストレスに曝される。この連鎖がダム全長の各補

強筋に作用し、ついには全ファブリックが破壊されダムの取り替えを余儀なくされる。ファブリックをナイフで切り裂くことはほとんど不可能になるような高強度の補強筋の開発が目下進行中である。

　ダムを越流する水量と流速により下流での侵食管理が必要となろう（2.5.1.2）。
　フラッシュボードダムの操作要件はインフレータブルダム（膨らませて使用するダム＝ゴム引布製起伏堰）用に記述したものとほとんど同じである。フラッシュボードダムでは心なき破壊活動による被害はゴム引布製起伏堰ほどではない。このダムではフラッシュボードの保管場所が必要になる。フラッシュボードには何時もダムの同じ場所に正しく設置されるよう適宜マーキングを施す。また、保管時には歪みが生じないような工夫も必要である。保管場所は心なき蛮行から保護され、ボードの不正使用を許さないものでなければならない（2.5.1.3）。
　フラッシュボードダムは労働集約的作業を要し、洪水状況下では運転員を危険に曝すこともあり得る。自動制御を提案するような場合には適当ではない。

10.7.13　出砂

　出砂は、井戸から水を取る時に有害な量の砂が出ることである。水井戸からの出砂はどのようなものでも好ましくないが、有害とする砂の量は水の使用方法により異なる。もちろん急激なポンプの磨耗をもたらすような砂の量はあってはならない。出砂は帯水層中に地下空間を生じさせるものと思われる。その場合、この間隙が大きくなると崩壊が発生し、井戸ケーシングや流入部分を破損し、井戸周辺の局所的な地表の沈下の原因となる。設計／建設／仕上げが適切に行われれば、砂の出ない井戸水を得ることができる。
　涵養揚水併用井戸や取水井からの揚水に相当量の砂が出る場合には、つぎのような原因について調査する。
・ケーシングが破損していないか？
・帯水層にとって過剰揚水になっている、また帯水層の流速が大き過ぎないか？
・充填砂利が不適切、仕上げ不良、改修を必要としていないか？
　井戸の吸込み口周囲の環状域に効果的なフィルターが形成されているかどうかが出砂の決め手になる。フィルターには人工的な充填砂利か自然の砂礫によるフィルターがよい。どちらの場合も、井戸吸込み口の開き・フィルターの材質・帯水層の物質のサイズ関係が、沖積帯水層中の井戸に入ってくる水の砂の除去きわめて重要である。少しばかりの出砂は新しい井戸に共通しており、とくに揚水ポンプスタート時に見られるが、井戸使用と時間の経過とともに減少するものである。もし井戸の吸水口が金属の腐食や消耗に曝されているようであれば、開口サイズと充填砂利の関係が変わることになる。その結果、フィルター物質が井戸へ流入し、さらに帯水層物質が続いて

流入する。過剰揚水は井戸吸込み口に高流速を起こし、帯水層から井戸へ多くの砂を流入させる。これが金属を腐食させ、時が経つと、フィルター物質を井戸に流入させることになる。

　石灰岩や砂岩のような固結層に掘る井戸はケーシングやスクリーンを使用しない裸孔として掘削・仕上げることがある。このような井戸が大量の砂を出す時には、廃棄・再ケーシング・スクリーン挿入、または他の場所で再掘削を行って処理する。定期的に充填砂利の頭部までの深度を測定することは、井戸への地層砂の漏入を防止するために充填砂利を何時補填すればよいかを知る上に必要である。立ち上げ時、その後は給水井戸／涵養揚水併用井戸の揚水毎に、出砂量を計測し記録することは、ポンプの磨耗／出砂量の増加傾向の管理に有用である。

10.7.14　土壌—浄化の持続性

　下水処理水を使う土壌帯水層浄化プロセスの設計が不十分、あるいは不適切な管理を行うと（必要な時に乾燥／清掃しない）、浸透速度は低下し、すべての池を乾かす間もなく注水しなければならないことになる。こうなると浸透速度はさらに下がり、他方下水処理水は流入し続け、池の水位は上昇する。池が深くなると目詰まり層を圧縮し藻類が繁茂する。やがてシステム全体が涵養システムとして有効に機能しなくなるまで浸透速度が低下し、修復不能にいたる。このような失敗を避けるために、定期的な乾燥と清掃を運用計画に盛り込み、浸透速度を維持するようにしなければならない。

10.7.15　水破砕作用

　涵養井戸まわりの地層物質は、流入する流体の圧力が高過ぎるとその流体により破壊されてしまう。この作用を"水破砕作用"という。一般的に地下水涵養井戸の運用で水破砕作用が問題になることはない。なぜならば、圧力が比較的低く涵養円錐のポテンシャル面はわずかしか増大しないからである。しかし、注入水が岩石の亀裂を通り、あるいは孔周囲の環状域から地下水へ流入する、もしくは望ましくない水質をもつ帯水層と水理的に結合している場合、水破砕作用は井戸を使用できないようにしてしまう機能をもつ。悪影響を伴わずに涵養速度を増加させる結果をもたらすものであれば、より深層での地層物質の水破砕作用が望ましい場合もある。

　水破砕作用を防ぐために、注入圧／水頭は最大許容値を下回っていなければならない。注入水頭の制限に大きくかかわっているのは、被圧層の有無・被圧層の強さ（有の場合）・井戸ケーシングまわりのグラウトシールの完全度・孔口装置の水密性・地表面下の地下水ポテンシャル面の深さ・その他設置場所に固有な特殊事情などであ

る。地表面下に水頭を維持することは涵養や涵養揚水併用井戸がより大きい水頭で作動しているので、それほど重大な問題にはならない。しかし、その場合の井戸や井戸頭の設計では、適切なシーリング、それに空気／真空逃しシステムを設けることが必要である。

　最大注入水頭の値は、その微分に使用した仮定に依存して変動する。涵養井戸から地表面までポテンシャル面を上昇させるのに必要な水頭を"h"とした時、注入水頭の最大許容値は0.2hであることをOlsthoorn（1982）が提案している。カリフォルニア州ロサンゼルス郡が運用する海水浸入防止バリアでは、水破砕作用を防止するための最大許容値として0.6hの値を用いている。したがって最大注入水頭値は、個々の状況により0.2〜0.6hの範囲から選択されるのが適当であろう。

10.7.16　その他の問題

　心なき破壊活動に機会を与えないよう警備／防衛手段を講じ、働く者や見学者の安全防護に配慮する。

10.8　水質

　効果的な人工涵養を行うのに3つの大きな障壁がある。すなわち、水底堆積物（河川などの流水で搬送されてきた堆積物）・懸濁物質（濁り）・流入水の化学成分である。水底堆積物に分類されるような粗粒物質の堆積は池の貯留容量を減少させ、清掃頻度を高くする。涵養池の上流側に置く沈砂池は、流送され水底に沈積する物質を捉え、除去・廃棄しやすくする。懸濁物質のほとんどは澱を構成する粘土やシルトである。この澱は涵養域内の地表面や地表下に蓄積し涵養速度を急速に低下させる。過大な濁度が検出されたならば、ただちに池の乾燥／清掃の回数を大幅に増やして涵養速度の更新をはかるか、または涵養域に水を引き入れる前に濁度を低減させるかのどちらかを選択して実行する。後者の選択を実施すれば、当然涵養水の許容濁度を設定する運用基準を設けることになる。この基準の設定に際しては、水の入手の難易度・濁度、それに蓄積したシルト／粘土の清掃／廃棄による浸透速度の回復の経済性などを十分比較検討することが肝要である。

　濁度は簡単に計測できるが、TSS（全懸濁物質）の指標としては適切ではない。最大限譲歩しても二者間の相関性に乏しい。TSSは薄膜フィルターまたはバイパス（循環）フィルターを用いて計測する。

　運転員の中には、涵養水として池に引き入れる水を0〜5NTU（比濁計による濁度単位）もしくはそれ以下の水に制限し、その値を超える濁度をもつ水は一切拒否す

涵養の運用効率から算出した最大粒径の範囲（ミクロン）と最大粒子濃度（NTUおよびTSS）

帯水層のタイプ	涵養方法	粒径 ミクロン	最大粒子濃度	
			NTU	TSS Mg/ℓ
沖積層	池／水路	100－500	5－10	
	涵養井戸	10－100		0－3
	涵養揚水併用井戸	10－100		0－5
カルスト	井戸涵養	100－500		0－5
	ASR	100－500		0－10
亀裂性基盤岩	井戸涵養	100－300		0－5
	ASR	100－300		0－5

る者もいる。けれども、涵養水に、濁度レベルを下げる処理を施すこともできるのである。一般的に行われている前処理としては、別置の沈殿池でポリエレクトロライトのような凝集剤を使用して行う方法や、草／土壌フィルターによる方法がある。

　懸濁物質を除去する処理を施し濁度を落としても、水中に溶解する涵養すべきでない化学成分はそのまま残存する。上流域が都市化している地域では、重金属や、舗装道路／その他の建造物の表面から洗い出された汚染物質が流出水に含まれていることが多い。このような望ましくない成分の濃度は、通常長い乾燥のあとの最初の降雨時に最も高い数字を示す。この時の水は地下水涵養には不向きであるので、排除するようにする。涵養池を養殖など他の目的に利用するには、水質と水処理の影響がその目的に即しているかどうか調べる必要がある。また他から引いた涵養水の水質が現地の水と異なる時は、移入水と現地の土壌との間の化学反応で涵養速度が低下しないか確認することも必要である。こうした反応により涵養地内のシーリングや涵養能力の損失が生ずることもある。

　水源の水中あるいは涵養水の管路内に存在する有機物の駆除のため、井戸涵養でも涵養水の前処理が必要である。方法としては、堤体浸・砂ろ過・沈殿池、その他がある。

　時間の経過とともに低下する浸透速度・悪臭・病原性昆虫・侵入者などの潜在的な問題に対処する方法には、水源水の前処理・施設の管理、それに後処理がある。なかなか解決できない問題には地域の水理地質の再検討や運転／維持管理記録の見直しが必要であろう。

　水源水の温度が被涵養地下水から50m上部にある層の平均水温より20℃以上高くなった場合は、涵養作業を中断し、一旦表面水を十分冷却してから作業を続行するようにする。この事前管理と処置は井戸による涵養により大きく関与するが、表面涵養に

とっても、高温水は土壌内の有機物に影響しそれらの便益である洗浄作用を減衰もしくは破滅させるので、放置できない重要な課題である。

採取した水の化学成分が悪化している時は、つぎのような要因について調査する。
・近隣の貯水タンクからの漏水
・埋立地／廃棄物処理施設からの漏水
・過度な水位低下による塩水もしくは劣悪水質の水の浸入
・涵養揚水併用井戸での揚水が、システムの設計／運用設定量を大幅に超えている
5 地表活動の影響を受けた帯水層の涵養
・処理が不適切／不十分な水での涵養

10.8.1　前処理

　文献中最もよく目にする表面涵養の前処理方法は、化学処理・沈砂池・草／土壌フィルター・造成湿地である。

　非汚染水では表面涵養に必要な前処理は沈殿物の除去のみで、一般的には大きな沈砂池を使用して行う。適切な時間滞留させることが必要である。沈殿の過程で凝集剤を添加する場合がある。凝集剤の添加により沈殿を促進させ、池の規模を小さくすることができる。

　フロックを形成していない離散的な沈殿物は、粒子の特性と水の粘性に依存して沈降する。滞留時間は、粒度分析・流れのレジーム・使用する凝集剤の種類などによって決められる。

　凝集は、通常アルミニウムもしくは鉄の硫化物またはポリエレクトロライトを添加して行われる。凝集剤の使用は沈殿のメカニズムを変化させるので、事前に実験室試験（ジャーテスト）で凝集剤の添加量を決め、能率よく沈殿（浄化）処理を行うようにする。

　どの計画案／候補地でも、水源と地下水との間に相違がある、あるいは水源に涵養源としての適性が十分ないなど、水源に関するさまざまな問題をもつものである。いずれの場合も、その水源水に適した前処理が必要となる。前処理では懸濁無機物質／有機物を減少させ、それによって浸透速度を維持しようとする補助的管理を行うものであるが、その管理案にもいくつかある。水質の悪い水の使用は一切拒否する案もあれば、また低水質の水を用いてより低い水質の帯水層を涵養し、揚水した水を使用目的にあわせて処理するという案もある。

　井戸涵養に使う水には、通常飲料水基準に適合、もしくは基準に近づけるための前処理が必要である。望ましくない成分のために拒絶されるような水でも、前処理することで十分役立て得るのであるから、前処理は涵養事業の経済性を高めるものである。上流の涵養事業がもたらす化学的副産物が有害なため、前処理なしでは涵養でき

ないという地域もあろう。加えて前処理は流入水中の懸濁物質の量のコントロールを可能にし、さらに高度な処理によれば、望ましくない化学成分もコントロールできるようになろう。涵養揚水併用井戸での前処理費用は、結果的に消費者に全くあるいはほとんど負担増をかけない。前処理は後処理を軽減し、涵養効率を大幅に向上させ、十分な経済的な見返りを約束するものであるからである。

10.8.2 化学的処理

最も典型的な化学的処理は、薬剤の添加による凝集・殺菌、それにpH調整の3つである。

凝集剤には、金属塩、すなわちミョウバン・塩化第二鉄・石灰などの水酸化物、および有機ポリマーなどの広範な化学物質を含んでいる。凝集プロセスを計画に組み入れるには高額な費用がかかるので、事前に水質改善の徹底的な分析調査が必要である。先行事業テストを実施することが望ましい。

当該地域の水が再利用時に健康に有害であることが判明すれば、河川など水源の殺菌が必要になろう。消毒剤を使用する場合は、通常沈砂池から上流側で適用し、死滅した水生生物を沈砂池で除去するようにする。

次亜塩素酸塩（エステル）化合物を使用しての塩素滅菌は最も一般的な殺菌方法である。塩素ガスも効果的な殺菌法として用いられる。イリノイ州フェオリアで1968年に行われた調査では、イリノイ川の水に$8〜9\,mg/\ell$の塩素を加えたところ地下水中に塩素が残留した。添加量$3〜5\,mg/\ell$の場合は、残留分もなく涵養目的に使用可能な水の生成に成功したことが報告されている。

ある種の物質や成分は、含有量が多すぎると塩素の効能力不足をまねく。フミン酸（TOC）・硫化水素・鉄イオン・有機マンガン、それに窒素が塩素と反応してその効果を削減する。塩素の代替としてはオゾン・臭素・沃素がある（Schroeder, 1977）。pH調整は涵養／涵養揚水併用井戸でよく使用され、目詰まりやその他望ましくない生成物を発生させる地下の地球化学的反応をコントロールするのに有用である。

10.8.3 沈殿

流水で運ばれてきた粗粒物質は、たとえば分水路が大きな沈砂池へ流入した時などのように、流速が減少した時に沈殿する。

懸濁物質の除去は、一般的に大容量の沈殿／沈砂池を使って行われ、ほとんどの場合凝集剤の添加を併行する。大容量の沈砂池は滞留時間が十分とれれば効果的であるが、藻類が繁茂するのでそれほど長くはできない。ミョウバンや塩化鉄・石灰・有機ポリマーなど広範な化学物質を含むフロック剤（もしくは凝集剤）の添加は、沈殿速

度を上げ滞留の所要日数を減らし、結果として沈殿池の必要容量は小さくてすむ。国連報告書（UN, 1975）には、水深5mを維持し2～3日間滞留させて除去した懸濁物質量は300～1000mg/ℓ であった。一方で、適切な量の化学凝集剤を加えたら、同量の効果は数時間で達成できた、と記述されている。Miller（1980）の発見によれば、表流水の"濁り"をとるにはミョウバンもしくは鉄の硫化物2～40mg/ℓ を添加すると効果的であり、沈殿と活性汚泥処理による下水処理ずみの排水で同様の効果を生むには、40～300mg/ℓ が必要である。凝集剤を使用しないで懸濁物質を沈殿させるにはより長時間の滞留が必要となる。

10.8.4　草／土壌フィルター

沈砂池の下流で草／土壌フィルターを通すことを、Popkin（1970）は、雨水の洪水流から細粒コロイドや有機物を除去する"仕上げ"過程であるといった。前処理としての沈砂池なしに、草／土壌フィルターだけでも、もちろん有効である。池に水を導入する前に土壌の安定化と十分な植被が必要である。よく準備された草／土壌フィルターを適切に運用すれば、化学的な凝集剤を使用した場合に比肩し得る高い沈殿除去能力が期待できる（Popkin, 1970 ; UN, 1975）。これらのフィルターは、バクテリア固体群や溶存物質をコントロールする沈殿・殺菌プロセスにおいては、凝集剤ほどの効力はない。バクテリア固体群と溶存物質のコントロールに関しては結果の変動が非常に大きいので、事前に草の種類と高さをさまざまに変えてテストを繰り返し、最適な植被を施すことが必要であろう。下水からの汚染廃水の養分を除去し浸透池の目詰まりを軽減させるために、湿地でのろ過が広く利用されている。植生システムでは、しかしながらろ過後の水にTHMの前駆指標（TOC）の大幅な増加をみることがある。繊維フィルターも、地表涵養事業において単独もしくは砂層に敷いて使用するよう開発が進んでいる。

10.8.5　土壌帯水層浄化

土壌帯水層浄化システムは、上部土壌を処理媒体として用いるように設計した地表浸透システムである。一般的に池の土壌帯水層浄化水の深さは30cm以下にするのが理想的である。しかしこの要件にしたがえば、非常に広い表面積を要することになり現実的ではないので、水深と面積のバランスについてはさらに検討を要する（2.7.2）。

浸透システムでの水質の改善は、涵養水が不飽和帯を流下する間、および飽和帯に達し飽和帯を横方向に進行する間に行われる。通常ここでは、懸濁物質・微細有機物・BOD・リン・重金属などが除去される。窒素濃度を著しく低減させるには、湛水／乾燥サイクルを適切に設定し、土壌中の生物殺菌作用を促進するようにする。非

ハロゲン化合成有機化合物の含有濃度も大幅に低減する。ハロゲン化有機物質も減少するが、非ハロゲン化物質ほど除去効率はよくない。帯水層は本来的に粗粒物質（砂礫）を含むので、水が層内を流れる間に付加的なTOCの除去・微細有機物の除去・味やにおいの改善・それらの熟成／洗練化の処理効果が期待できる。

10.8.6　湿地の形成

　湿地の建設はいくつかの利益をもたらす。野生生物に事業が好ましくない影響を与える場合でも、湿地はその影響を緩和する作用をする。そればかりでなく、付随的な涵養ももたらす。下水を涵養する場合には、湿地が下水を受け入れ同時にそれを処理する場を提供するので、当該事業は水質を下げることなく飲用給水を継続することができる。湿地利用の最大のメリットは地表水中からの脱窒と懸濁物質・重金属の除去がある。湿地は、建造後数年を経て、あるいは涵養事業の環境への影響を緩和するために設けられるので、法律や条例により保護地域に指定される。

10.8.7　涵養後の処理

　地下貯留層から汲み上げた水にどんな処理が必要であるかは、その水の水質と利用者の要求内容によって異なる。一般的に、事前に涵養した飲料水を涵養揚水併用井戸から汲み上げた場合は殺菌のみ行い、他の処理は必要としない。時にpH調整も必要となる。涵養の後処理が必要な場合は前処理について述べた章にいくつか方法の説明もあるので利用されたい。

10.9　現地管理

10.9.1　目詰まり層の除去

　拡水施設の側面や底面に集積した物質が浸透速度を低下し始めたら、浸透池を乾燥させ、固まった沈殿物にクラックが入るまで放置する。これで、涵養は継続できる。それで不十分な時は、乾燥後表面のディスキングまたは掘り起こしを行う。沈着物質と池の土壌（もし詰まっていれば）の表層を薄く除去することが最終的な対処法である。

10.9.2　涵養井戸の再生

　涵養井戸では、定期的な揚水で井戸を逆洗し、浮き立った目詰まり物質を水ととも

に汲み出して回復を果たす。涵養井戸を揚水すると、最初の出水は茶褐色で臭いがする。この水は廃棄、あるいは下水処理／水処理プラントでの処理を通して再利用する。こうしたケースはとくに鋼鉄製のケーシングを使用した井戸に多い。揚水頻度は毎日数分行うものから年数回まで、涵養速度の減少の度合いによって変動する（図2.9、表2.1）。揚水による涵養速度の回復がはかれない場合はさらに強力な井戸の再生措置が必要となる。

単一目的涵養井戸における再生方法にはつぎのようなものがある。
・ケーブルツール（綱掘り）リグによるベーリング、サージング
・エアリフトポンプによる揚水とサージング
・深井戸用タービンポンプによる揚水とサージング
・穿孔部を分離するためダブルパッカーを併用したエアリフトポンプによる揚水とサージング
5 酸を投入し、その後サージングと酸の除去を行う
・水による高速噴射

　井戸中にまだ備えつけられていない深井戸用タービンポンプを使用して揚水を行い涵養井戸を再生する方法は、高額な費用と困難な作業を要し、排水処理や設備が大き過ぎるなどの問題もある。涵養揚水併用井戸ではポンプはすでに設置されている。

　井戸の再生手順はそれぞれの井戸の建設方法や運用中の経験により異なる。たとえば細砂やシルトを出砂しやすい周知の傾向をもつ井戸、あるいは井戸ケーシングの周囲に陥没の履歴があるものといった具合である。充填砂利を使用した井戸の再生では、砂利柱の頭部に、砂利補給管を通して砂利を追加する補充作業を行い、地下に構成される間隙を最小限に抑制する。当初設計に砂利補給管が含まれていない場合は追加的にその設置が可能かどうか調査する。涵養井戸の再生は新しい水井戸を新設する際の仕上げ工程と非常によく似ており、同様の目的をもっている（Fowler, 1996）。

　再生の頻度は個々の施設で経験的に決められるべきもので、現存する目詰まりの要因やその施設での涵養速度の維持に対する必要性によって異なる。

　井戸の仕上げ技術で問題が解決しなければ、ポンプを撤去して孔内のビデオ（もしくはフィルム）撮影や物理検層を行って問題の源を特定する。

　数日間、一時的に井戸の運用を停止すると、ほぼ元の注入率まで回復するものであるが、再スタート後は注入率の低下が最初の期間よりも速くなる。停止は沖積層の間隙に詰まっているガスを逃して水中に溶解させる意味で有効である。このような運用操作上の利点は経済的立場から検討する余地がある。

　カリフォルニア州ロサンゼルス郡の水利事業で採用された逆循環型ロータリー掘り注入井戸群は、石綿セメントのパイプケーシングを使用し砂利充填したものであるが、平均20年の運用経歴をもつ。これらの井戸の再生頻度は年毎に行うものから約15年に１回のものまでさまざまであるが、２～５年に１回が平均的な頻度である。しか

しながらこの長い再生間隔により、システムは大幅な容量の損失をこうむっている。

イスラエルでは取水井を用いて季節的な涵養を行う経験から、再生の頻度は涵養季中の各井戸の性能に基づいて決められる。仕上げ工程は、まず短期間に活発な揚水をポンプで行い、その後連続的に水を揚水して給水するという2段階で構成される。この方法は、砂岩層中にあるこれらの井戸の涵養能力をほとんど全容量回復し長期間継続させる結果をもたらしている。

カリフォルニア州サンタバーバラのゴレッタ水管轄区では長年にわたり地下水盆の涵養に取水井を使用している。井戸からの水の採取により注入時期毎に注入涵養速度はほぼ元の値に戻るので、特別に再生を行う必要はない。ただしわずかながらも低下が見られるので、近い将来再生が必要になる可能性はある。その他、合衆国には25以上のASRサイトがあるが、長期間にわたって涵養率の低下は観察されていない。これらのASRサイトにおける逆洗揚水の頻度は数日から数カ月毎が一般的である（図2.9）。

井戸内部の水圧を増加させて目詰まりを一時的に解消させることができる。しかし、注入圧力を過度に増加すると、目詰まり層の圧縮や井戸ケーシング・地表管路の周囲での上向き水流を発生させることになる。さらに、これは後に行う再生作業を一層困難なものにする。したがって、涵養速度の維持のために注入圧を増加することは望ましくない。

10.9.3　乾式井戸の運用

スレーキングを防ぐために、ジオテキスタイル（強力な合繊繊維）で井戸をライニングし、砂や細礫を井戸に詰め、その真中に穴あきパイプを通して水を涵養するようにする。深層の砂礫帯の上部にきめの細かい組織をもつ岩層のポケットがあるところでは、その層の側面をプラスチックのシートで覆う。涵養前に水はすべて前処理し、懸濁物質・同化されやすい有機炭素・栄養塩類・微生物類など、目詰まりを起こすようなすべての物質を取り除き、さらに殺菌して残留塩素レベルを保つようにする。それでも目詰まりが生ずるならば（長期の目詰まりが起こる可能性は常にある）、その原因は、井戸壁にポリマー様のバクテリアの細胞や有機代謝物が生成する（バイオフォーリング）からである。このような目詰まりは揚水やクリーニング・再生などで修復することはできない。それを可能にするのは、長期間の乾燥で生物分解により目詰まりを解消させ井戸の回復をはかることで、そうすれば井戸を再び涵養に利用できる。

10.9.4　出砂の補正

　水井戸における出砂という基本問題の修正は、揚水量の減少から井戸の廃棄・再設置にいたるまで広範をカバーするものとなる。出砂の徴候が見られたならば、多くの場合、井戸の吐出側、もしくは井戸のポンプ吸込み側の孔内にサンドセパレータを取り付けることで応急処置でき、本質的な問題に取り組むまでの時間を引き延ばすことができる。井戸開口部の破損が出砂原因であると疑われる時には、テレビカメラを井戸内に下ろして検査する。破損箇所が局部的であれば、正しい位置に内管をはめ込むかグラウトを注入して、破損した箇所を遮水する。さらに悪化している場合には、現状のものより目の細かい吸込みスクリーン部を挿入し、環状部に適正に段階づけたろ剤を充填する。新しい吸入部を入れる前に、古い吸入部を穿孔しできるだけ開口部を大きくする。新旧の吸入部は同じ材質で組み立て、第二の吸入部の挿入で腐食が促進することを避ける。ケーシングの破損やスクリーン接続部周辺の遮水の欠陥も井戸へ砂の流入をまねく要因になる。この補修は、一般的に二重ケーシングやグラウト注入による孔井の改修によって行われる。

　充填砂利を使用している井戸において砂利がブリッジを形成していると充填砂利内に隙間ができ、出砂を起こすことがある。一旦この問題が発生したら、井戸を再生して修復する。当該井戸に砂利補給管が備えられていれば、作業に入る前に測深してレベル測定を行う。これにより砂利のレベルを下げる間に間隙が崩壊するかどうかの判断をする。

　以下は、水の利用目的別、井戸からの出砂量の限界値の一案である。

　井戸水中の砂の含有量の測定は、一般にインホフコーン、または遠心式砂試料採取器を用いて行う。インホフコーンでは1000mℓを採取できる。1 mℓの砂は、ほぼ1000重量ppmの砂に等しい。遠心式砂試料採取器では水が装置を通過する際、砂分だけを分離して装置内に集積していく。この方式によれば、インホフコーンを用いた場合よりもより大きな容量の水をずっと簡単に扱うことができ、かなりの量にまとまるまで砂を採取できるので正確な計測を行うことができる。その他、大規模な遠心分離装置や静置井戸を用い、ポンプによる揚水から砂を分離して砂の含有量を測定する方法もある。

　涵養や涵養揚水併用井戸の目的からしても、涵養水中の懸濁物質は可能な限り最大限に除去しなければならない。TSS（全懸濁物質）の測定は薄膜フィルターや循環式（カートリッジ型）フィルターなどを用いて効果的に行うことができる。どちらもより低濃度での使用のほうがより正確に機能する。TSSは現象的にはしばしば、連続的な流れよりも栓流の形をとるので、循環式（カートリッジ型）フィルターの使用がより望ましい。多重薄膜フィルターは、長期間にわたっての使用に適切である。

井戸水中の砂の含有量の推奨基準

	重量ppm		
	(a)	(b)	(c)
1．湛水型灌漑	150	15	20
2．スプリンクラー灌漑	50	10	
3．滴下灌漑			1
4．生活用水・工業用水	20	5	2–4
5．食料・飲料製造での直接使用		1	

(a) 地下水マニュアル（USBR, 1981）
(b) 水井戸施工実務のマニュアル（NWWA, 1981）
(c) 地下水と井戸（Driscoll, 1986）

10.9.5　マウンディング（地下水堆形成）

　地表涵養施設の下にあると予測されるマウンディングの制御には、地下水面標高をモニターする観測井戸をサイト内／周辺に設置することが必要である（10.7.5、10.7.10）。地表涵養施設で最良のマウンディング管理方法は、涵養池を分散して配置し浸透速度を制御することである。

10.9.6　涵養期間と運用順序

　地表浸透・地下涵養の運用期間は、現地での試験および他地点での記録を現地の水理地質との相違分を勘案して参照して、まず試算する。池や井戸の運用順序も、同様の方法で暫定的に決める。先行試験施工を行えば、より正確な情報を入手できよう。事業が部分的であれ全体的であれ立ち上がったあとに、施設の運用期間と運用順序を試行錯誤して調整し、供給と需要に即した最も効果的で経済的な地下水涵養事業を達成できるようにする。

10.10　施設の閉鎖または廃止

　人工涵養施設の永久的閉鎖／廃棄は、地方・州・連邦政府の法律や条例に準じて適正に行う。また、将来、地下水供給の汚染源にならないよう十分注意をはらわなければならない。たとえば、井戸の場合、ケーシングを取り除き適法に廃棄し、井戸底から地表面までの孔内にセメントや粘土のような不浸透物質を詰め、井戸とその周辺を完全に埋め立てるようにしなければならない（CDWR, 1991）。

さらに、地表水涵養施設の下、および地表／井戸涵養施設の隣接地域の水質試験を行う必要がある。この水質テストは涵養施設を運用していた間に、帯水層中に汚染物質を侵入させ、その残留が蓄積していないかを見るために行う。汚染が検出されたならば、徹底的な分析を行い、それらが水質汚染の脅威になっていないか、汚染地下水の全部または一部を除去／処理、もしくは別の何らかの有効利用に供すべきではないかなどを考える必要がある。地表水涵養施設の池底や側面に残る物質も、それらが地下水に脅威を与えるようなものであれば、除去しなければならない。
　人工涵養地域のその他の用途としては、レクリエーションの場としての湖・野生生物保護区・公園・廃棄物処分場などがあげられる。廃棄涵養池をゴミ捨て場にしてはならない。

```
WELL NAME:_____
STATE PERMIT/DESIGNATION NO.:_____
WELL HEAD COORDINATES:_____
WELL HEAD GROUND ELEVATION:_____
WELL HEAD REFERENCE ELEVATION FOR MEASUREMENTS:_____
DATE DRILLING COMPLETED:_____
GRAVEL PACK INFORMATION:_____
COMPLETED STRING INFORMATION:

                                                              PLAIN PIPE, SCREEN
                    DIAMETER     DEPTH BELOW SURFACE          OR PERFORATIONS

SURFACE CASING: _____        _____ m TO _____ m    _____

WELL CASING:    _____        _____ m TO _____ m    _____
                _____        _____ m TO _____ m    _____
                _____        _____ m TO _____ m    _____
                _____        _____ m TO _____ m    _____
                _____        _____ m TO _____ m    _____

        SURFACE CASING MATERIAL: _____
        WELL CASING MATERIAL: _____
        SCREEN OR PERFORATION INFORMATION: _____
        _____

WELL HEAD CONFIGURATION:
    SURFACE DISCHARGE HEADER:
        BASE DIAMETER: _____      COLUMN DIAMETER: _____
        MATERIAL: _____
        DISCHARGE PIPE DIAMETER: _____
    PITLESS ADAPTER:
        DIAMETER: _____ DISCHARGE PIPE DIAMETER: _____ MATERIAL: _____

(Based on Alameda County Water District Table)
```

図10.1　井戸データシート

WELL DESIGNATION:_____
DATE OF INSTALLATION:_____
PUMP INFORMATION:
    SERIAL NO.:_____
    MODEL:_____
    NO. OF STAGES:_____
    MANUFACTURER:_____
    PUMP INTAKE SETTING DEPTH:_____
    PUMP RPM:_____
    SUBMERGENCE REQUIREMENT:_____
    IF VERTICAL TURBINE
        OIL OR WATER LUBRICATED
    DIAMETER:_____ LENGTH_____
    WEIGHT:_____
MOTOR INFORMATION:
    SUBMERSIBLE OR SURFACE MOTOR
    SERIAL NO._____ MODEL:_____
    H.P.:_____ NAMEPLATE AMPERAGE:_____
    MANUFACTURER:_____NO. OF PHASES:_____
    FREQUENCY:_____ RPM_____ POWER FACTOR:_____
    DIAMETER:_____ LENGTH:_____ WEIGHT:_____
DROP PIPE:
    MATERIAL:_____ JOINT LENGTH:____ SIZE:____ THREAD:____
CABLE (SUBMERSIBLE MOTORS):
    SIZE:_____ VOLTAGE:_____
WATER LEVEL SENSOR:
    AIRLINE MATERIAL/DIAMETER:_____ SETTING DEPTH:_____
    DOWNHOLE TRANSDUCER TYPE:_____ SETTING DEPTH:_____

DOWNHOLE CHECK AND/OR DRAIN VALVES: _____
(Based on Alameda County Water District Table)

図10.2　装置データシート

MONTH: _____ YEAR: _____ NOTES: WELL LOCATION: _____ (1) DAILY ENTRIES SHOULD BE TAKEN WHILE THE PUMP IS IN OPERATION. (2) ALL WELL AND WATER DEPTH MEASUREMENTS ARE TO BE MADE FROM ____

DATE	TIME	ON OFF ON CONT	L per sec	TOTALIZER 1000 L	INTERSTAGE bars	SYSTEM bars	KW	KWH	AMPS	SAND PPM	CHEMICAL FEED	WATER LEVEL	WASTE TOT.	VOLUME READING	TOTAL 100 L	REMARKS

(Based on Alameda County Water District Table)

図10.3　井戸日報

AMBIENT AIR TEMP (°C) MIN._ _ _ MAX _ _ _ PRECIPITATION (24HR) ending (0800 HR) _ _ _

RUBBER DAMS & DIKES	TIME 24HR	SITE CODE	S.W.L. ELEV. m	METER TOTAL- IZER READING ha	GATE OPENING (t-TURNS) m	EST. DISCH. INTO PIT m³/sec	DAM CREST ELEV. m	GAGE HEIGHT m	FLOW MEASURED OR ESTIMATED m³/sec	WATER TEMP °C	OPEN=1 CLOSED=2
RUBBER DAM (RD3) & 1.35m ID		4001									
ALAMEDA CREEK PIPE INTAKE		4001									
W/ 1.35m X 1.35m SG		4001									
DIKE NO. 8 & 1.05 m ID		4009									
BYPASS PIPE W/ 1.35m BV		4009									
		4009									

RECORDED BY:_____ DATE DATA RECORDED _ _ _ DAY OF WEEK (CIRCLE ONE) S M T W T F S

_____ FORM _ _ _ (REVISED _ _ _)

(Based on Alameda County Water District Table)

図10.4 ラバーダム・堰堤用の現場管理日報

PONDS AND PITS	TIME 24HR	SITE CODE	S.W.L. ELEV. m	METER TOTAL-IZER READING ha	GATE OPENING (T-TURNS) m	EST. DISCH. INTO PIT m³/sec	DAM CREST ELEV. m	GAGE HEIGHT m	FLOW MEASURED OR ESTIMATED m³/sec	WATER TEMP °C	OPEN =1 CLOSED =2
B/F POND & DIVERS FROM RD3		4212									
W/60cmX120cm SG		4212									
KAISER PIT (AHF) & 1m ID		4202									
DIVERSION FROM RD1		4202									
KAISER PIT (BHF) & 75cm ID		44203									
REDIVERSION FROM (AHF) W/75cm SG		4203									
SNELL POND		4204									
#1 20cm REDIV. FROM GRAU W/20cmGV		4213									
#2 20cm REDIV. FROM GRAU W/20cmGV		4214									
#3 20cm REDIV. FROM GRAU W/20cmGV		4215									
PIT P		4108									
PIT H		4110									

RECORDED BY: _____ DATE DATA RECORDED ___ ___ ___

FORM ___ ___ ___ (REVISED ___ ___ ___)

(Based on Alameda County Water District Tables)

図10.5 池・ピット用の現場管理日報

DIVERSION AND REDIVERSION PUMPS	TIME	SITE CODE	S.W.L. ELEV.	METER TOTALIZER READING	GATE OPENING	EST. DISCHARGE INTO PIT	DAM CREST ELEV.	GAGE HEIGHT	FLOW Measured or Estimated	WATER TEMP.	ON = 1 OFF = 2
	24 HR.		m	ha	(T-Turns)	m³	m	m	m³/sec	°C	
SHINN PIT PUMP 1											
B/F POND PUMP 1											

RECORDED BY _____ DATE RECORDED __ __ __
                                   YY MM DD

(Table Based on Alameda County Water District Table)

図10.6　分水・再分水ポンプ用の現場管理日報

STREAM & CHANNEL	TIME 24 HR	SITE CODE	S.W.L. ELEV. M	METER TOTALIZER READING ha	GATE OPENING T=Turns	EST. DICH. INTO PIT	DAM CREST ELEV. m	GAGE HEIGHT m	FLOW MEASURED OR UNMEASURED m³/sec	WATER TEMP °C	a|b|c
ARROYO DE LA LAGUNA											
NEAR PLEASANTON											
USGS #11177000)											
VALLECITOS TURNOUT											
ALAMEDA CK NEAR NILES											
USGS # 11179000											

a = (#GATES OPEN), b= (ON=1, OFF=2), 3= (OPEN =1, CLOSED=2)
REMARKS:(Based on Alameda County Water District Table)
_____ hr., CONTACTED MSJWTP OPERATOR _____ STAUS GIVEN FOR RUBBERDAMS,
FLOW AT VALLECITOS TURNOUT AND NILES GAGE, AND SET THE FOLLOWING LIMITS FOR
INITIATING NOTIFICATION: NILES GAGE HIGH: _____ m³/sec, LOW: _____ m³/sec
RECORDED BY _____   DATE __ __ __
                                 YY MM DD

図10.7 河川・水路用の現場管理日報

	MAX CHANNEL CAPAITY _____
MAXIMUMS	MAX CHANNEL OPER Q = _____
	MAX INTAKE: _____ CHANNEL RUBBER DAM: ___X___
	MAX STORAGE _____ WETTED AREA: _____
	MAX TURBIDITY _____ INTAKE GATES: #___ ___X___

HANSEN S.G. (__) __-__
D.O.C. (__) __-__
PHONES:BATS: (__) __-__
HEADWORKS (__) __-__
PACOIMA S.G. (__) __-__

DATE	TIME	OBSERVER		------- CHANNEL					------- INTAKE							OUTFLOW,0-12				MONTHLY WATER CONS. ha	RAIN FALL cm	STORM CONS. ha
			RUBBER DAM ELEV m	FORE BAY G.H. m	FLOW PAST HDWKS ha	AVG. GATE OPEN m	G.H. EA m	G.H. HB m	IN-FLOW m³/sec	SILT CONT.	G.H. m	Q m³/sec	AVAIL STOR. ha			

(Based on Alameda County Water District Table)

図10.8 トゥジュンガ涵養散水地日報

付録

付録A　地下水に関する用語集（ABC順）

沖積層　alluvium　流水によって堆積した砂・礫・シルト・粘土の地層を表す地質用語。

専用権　appropriative right　特定水源からの水の利用を初めに宣言した使用者が同じ水源を後から使用するすべての使用者に対してもっているという水利権上の概念。

難透水層　aquiclude　間隙があって水を含む能力はあるが、井戸や泉に対して認知できるほどの水を供給するに十分なほどの率をもっていない地層。

帯水層　aquifer　地下水貯留が可能であるような水を帯びた層。井戸や泉に、十分な量の水を産出させるような十分に透水性のよい物質からなる、地層・地層の集まりまたは地層の一部。

涵養揚水併用井戸（ASR）　aguifer storage and recovery（ASR）　水が使える時に井戸を通して適切な帯水層に水を貯留し、水が必要な時に同じ井戸を通して揚水する。この井戸はポンプをもち、貯留した水を汲み上げるのと、堆積した物質を定期的にバックフラッシュして取り除き、詰まりをコントロールする。

半透水層　aquitard　近傍の帯水層へ、もしくはから、水の流れを送らせるけれども遮断することはない／漏水性加圧層。井戸や泉に水を生み出すことはないが、地下水の貯留に役立つ。

井戸の影響圏　area of influence of a well　ポテンシャル面が低下する井戸の周りの区域で、揚水の水量と継続時間に応じて、遷移・定常状態をとる。

掘抜井戸　artesian well　自噴もしくは加圧された水体からの水を汲み出す井戸。自噴井戸の水位は、自噴水体の蛇口の先端よりも上にある。

人工涵養　artificial recharge　拡散池・涵養井戸・灌漑・その他の手段を使って地表水を浸透させ、地下水供給の増強をはかること。水利用者が地下水を汲み上げ、地下に貯留して地表水配水の替わりにすることも含む（これを"代用"法という）。

河岸貯留 bank storage 地表水体の水位変化が原因で、それと隣接する帯水層中の貯留量変化を引き起こすような、地表水体に隣接し、関連した帯水層中の貯留量。

毛細現象 capillarity 流体の表面張力に起因する毛管力によって、土壌や岩石の間隙において水が上昇したり移動したりすること。

毛管水帯 capillary fringe 大気より低い圧力で間隙を満たしている、地下水面直上にある不飽和帯の下部。下の地下水面とは連続しているが、表面張力によって保持され、不飽和帯直上にある上限ははっきりしない。

粘土 clay (1)透水性の低い、細粒(粒径0.004mm以下)の地層物質。もしくは、(2)主としてこれらの粒子からなる堆積物。

円錐状水位低下 cone of depression 地下水体の水面もしくはポテンシャル面のくぼみで、揚水を行っている井戸の周りに発達して円錐形をしている。揚水井戸の影響範囲と定義される。

被圧帯水層 confined aquifer 層の上下をそれ自体よりも低い透水性の層で境された帯水層。被圧地下水をもつ帯水層。

加圧層 confining bed 周辺の帯水層よりも層序学的にはっきりとした、より透水性の低い、もしくは不透水性の物質からなる層。

結合使用 conjunctive use 地下水盆を地表水貯留システムと結合して運用することを表すのに使う用語。

消費水量 consumptive use 水供給における全水損失、または植被もしくは裸地からの蒸発・発散のシステムで、商業的・工業的プロセスおよび全自家用・水道用使用を含む。水源から水を汲み上げるのと、水源への戻りや使用できる水のその他の水源との差。

ダルシーの法則 Darcy's law 流れが平面的で粘性が無視できると仮定した時の、流体の流れの実験結果に基づいた経験法則。地層を流れる速度は動水勾配に直接的に比例するということを示している。

深部浸透 deep percolation 重力による土壌水の下方への排水で、地層中で貯留に向う根帯の最大有効深度以下で生ずる。

水位低下 drawdown 自由水面標高から低下する垂直距離、もしくは自由水の除去による圧力水頭の減少。

乾燥井戸 dry well 乾式井戸(vadose zone well)参照。

有効透水係数 effective hydraulic conductivity 不飽和帯中の水と空気のような、一種類以上の流体を含む多孔体を通る水の流れの率。流体のタイプと成分・現存する圧力の両方から特徴づけられる。

有効間隙率 effective porosity 流体の移動に関係する連結した間隙の量。連結した間隙によって占められる全体の体積の比率で表す。

等ポテンシャル線 equipotential line ポテンシャル面もしくは二次元断面における

等ポテンシャル点を結んだ線。
蒸発 evaporation　河川・湖・土壌水分のような水としての流体が、気体に変化する物理的プロセス。単位面積当たりの質量もしくは容積の全体または平均値、またはある期間の等価水深として表される。
蒸発散 evapotranspiration　ある一定期間における植物からの蒸発・発散による面積当たりの総水蒸気損失。土壌から・露から・遮断された降雨からの蒸発、および植物からの発散を含む。
断層 fault　地殻の割れ目で、割れ目の一方が他方に対して物質を変位させている。地下水流動に対するバリアとして働くことが多いが、導管として働く場合もある。
細粒 fine-grained　(1)個々の鉱物の平均粒径が1mm以下の結晶質岩に使う。(2)シルトもしくは粘土が優勢な土壌に使う。
地層 formation　ある特定の地質時代の期間に他の層の上に順次堆積した成層した層を明示する地質用語。
自由地下水面 free water elevation　地下水面・地下水標高・自由水面・大気接触面・水卓ともいう。大気圧に対する水中の圧力がゼロであるところの標高。
地下水学 geohydrology　水理地質学とも言い換えられることがよくあり、地下にある水の水理や流動特性を扱う（水文地質学参照）。
ガイベン—ヘルツベルグの法則 Ghyben-Herzbeerg principle　密度のちがいにより、帯水層中で海水の上に清水が載ることを説明する原理。一般的にいって、海面から測った清水面までの高さの40倍の深さまで、清水が分布する。反対に、清水面が30.5cm低下すると、海水は13m帯水層中で上昇する。
砂利まき井戸 gravel-packed well　フィルター物質（砂・礫など）が、井戸の有効半径を大きくするために掘削孔とケーシングの間の間隙に置かれた井戸で、揚水期間中に細粒物質が入ってくることを防ぐ。
地下水 ground water　(1)飽和帯にある地下の水の部分。(2)広く、地表水とは区別できるすべての地下の水。
地下水のバリア ground water barrier　不透水性もしくは比較的透水性の低い物質からなり、地下水の水平的流れを遮断するような地中にあって、その結果として、その前後で地下水位が異なるようになっている。
地下水盆 ground water basin　分級することができたり、水供給に耐えるほどの透水性の高い物質からなっている地下水盆。地表面とその下の透水性物質の両方を含んでいる。
地下水の収支 ground water budget　帯水層・帯水層の一部・帯水層全体の、涵養・流出・貯留の数値的計算。地下水方程式。
地下水の分水界 ground water divide　地下水が2つの方向に流れ去る、地下水面またはポテンシャル面の峰。

地下水方程式 ground water equation　地下水収支のバランスを示す式。

地下水堆 ground water mound　水の下方浸透の結果として形成される、地下水面もしくはポテンシャル面の丸みを帯びた丘状の高まり。

地下水貯留 ground water storage　(1)飽和帯の水量。または(2)捕捉の反対に、貯留のみから得られる水量。

地下水溝 ground water trough　地下水の流れ・排水溝・揚水井戸配列などによってできる、地下水面またはポテンシャル面のくぼみ。

水頭 head　(1)ある点における流体の圧力で、その点の流体の高さとして表現される。(2)井戸の水面標高、または自噴井戸で流出が止まるほどに伸ばした時のパイプ中の水の高さ。水理水頭ともいう。

水理伝導率 hydraulic conductivity　等方性物質中の均質流体では、存在する動的粘性における水量は、流れの方向に直覚な単位面積当たり、単位動水勾配のもとで、単位時間内に流れる。しばしば「透水係数」という用語も使われる。排水に使用する時、井戸が毒性物質をひき込むことがある。

動水勾配 hydraulic gradient　水またはポテンシャル面の勾配。ある方向の、単位距離当たりの静水頭の変化。指定しない場合、方向は水頭減少が最大になるものとされる。

水文地質学 hydrogeology　地下水と、地質学的観点から地表水を扱う科学。地下水の地質に意味を限定して使うこともある（地下水学参照）。

ハイドログラフ（流量時間曲線） hydrograph　水のステージ・流れ・流速・その他の特性を、時間的観点から表すグラフ。河川ハイドログラフは一般に流量を表し、地下水ハイドログラフは水位または水頭を表す。

水収支 hydrologic budget　排水盆・帯水層・土壌帯・湖・貯水池のような水理的単位における流入・流出・貯留の計算。水理方式で表される蒸発・降水・流出・貯水量変化の間の関係。

水文学 hydrology　地球表面・内部に天然に賦存する水の、分布や循環を関連づける科学。

不透水 impermeable　地下水でふつう見られる圧力差のもとで、十分な水量を通すことができない地質構成物質の状態。

誘発涵養 incidental recharge　（灌漑や汚水槽のように）地下水涵養を前提としない施設からの涵養で、涵養を増加させる目的以外の植生の変化でも生ずる。

浸透 infiltration　土壌表面から地中への水の流れもしくは移動。

浸透能 infiltration capacity　浸透速度の最大値もしくは限界値。

浸透率 infiltration rate　降水・融雪水・地表水などが単位時間当たりに吸収される深度（cm/sec）で表した、土壌のある特定の状態での率。

注入井戸 injection well　帯水層に水を導入するために用いられる井戸。海水浸入の

防止・帯水層の改善・冷却水や排水の廃棄などに用いられる技術。
間隙 interstice 岩石もしくは粒状物質の間隙・隙間で、固体が占有していないところ。空気・水・その他のガスや流体によって埋められている。間隙・間隙部分ともいわれる。
固有透水係数 intrinsic permeability ポテンシャル勾配のもとで多孔性物質を流体で置き換える、比較的簡単な計測。物質によって固有な特性で、流体の性質や流動による力の場に独立している。間隙の形やサイズに依存する物質の特性である。
漏出係数 leakance K'/b'なる比率で、K'とb'はそれぞれ、加圧層における鉛直水理伝導率と厚さである。
数理モデル mathematical model 物質の保存と地下水の流動に基づいた方程式で、自然または人為的な水理的ストレスが地下水流動システムに与える反応をシミュレートするのに用いられる。
採取 mining 慎重・不注意を問わず、ある率で源から地下水を汲み出すプロセスで、地下水位が継続的に低下し、供給源の消耗としての脅威にさらされる。
過剰揚水 overdraft 地下水の汲み出し量が、ある一定期間にわたって、そのシステムに入ってくる水量を超えている地下水流動システムの状態。水が継続して揚水できる量を超えている使い方。
宙水 perched ground water 不圧帯水層の底にある地下水から切り離された不圧地下水。
浸透 percolation 静水圧のもとで、岩石や土壌の間隙を流れる水の動きで、空洞のような大規模な間隙での移動は除く。
透過率 percolation rate 多孔体中を浸透する水の、単位時間当たりの速度または容量の両方を表す率。
持続的揚水量 perennial yield ある与えられた状態で望ましくない結果をきたすことなく、地下水供給源から年間を通じて揚水することができる最大量。
透水性 permeability 流体を通過させる地質構成物の容量。透水性の度合いは、間隙のサイズと形、結合の範囲にかかわっている。
透水係数 permeability coefficient 常温（現場透水係数）もしくは15℃の時の、単位動水勾配当たり、単位断面積を通過する水流の率。
透水性の permeable その構造を変えることなく相当量の水を流すことができる地質構成物の状態。
pH 水素イオン活性。水の、溶解酸を表すために使われる数値。7以下のpH値は酸性を示し、7以上はアルカリ性を示す。
自由地下水 phereatic water 水面がある状態（不圧地下水もしくは井戸水と同義）の飽和帯上部の水に適用される用語であるが、飽和帯全体の水に適用することもできる。

水生植物　phreatophyte　飽和帯からの、毛管水体からの直接もしくはそこを通しての水供給により、生育環境を得ている植物。

水圧計　piezometer　地下水位を計測・記録するために設置する機器。

間隙率　porosity　(1)土壌もしくは岩石中の間隙特性の指標。透過性の度合い。(2)間隙の容積をパーセントで表した、物質の全容積に対する独立・連結した間隙比率。

飲用水　portable water　人の利用に安全で口にあった水。病原性有機物や溶存毒性成分の濃度が安全限界を超えておらず、問題となるような味・におい・色・濁りが許容限界以下で、温度も適切である水。

静水面　potentiometric surface　地下水の標高・圧力を表す仮想の面で、井戸もしくはピエゾメーター内を上昇する水位で定義される。

圧力水頭　pressure head　地表面などのある基準面から測った、圧力を支える水柱の高さとして表す静水圧。

揚水効率　pump efficiency　ポンプ軸にかかるエネルギーを有効仕事エネルギーに変えた比率で、ノズル出口と吸入口のエネルギー差をポンプ軸に加えられた力の入力で割った値。

揚水量　pumpage　ある期間に揚水される水（もしくは他の流体）の量。

涵養　recharge　降水・河川・その他の源からの水の下方浸透による地下水の補充。自然涵養は、人による補助や促進なしに起こる涵養。人工涵養は、涵養を増強するために人々が自然涵養のパターンを変化させた時に生ずる涵養。

涵養池　recharge basin　地下水供給補充の目的で、河川や洪水路・その他の源からの流出を受けるように、地表につくられた池。

涵養井戸（再注入井戸）　recharge well　帯水層中へ水を注入するための、揚水するところとは違う場所の単一目的井戸。

再仕上げ　redevelopment　いろいろな方法で、もとの産水率を回復する試み。

塩水　salt water　10000mg/ℓ以上の溶解物質を含んだ水。

塩水置換　salt water encroachment　ふつう、海岸や河口域において、塩水の密度が高いことにより進んでくる清水もしくは地下水との置換で、清水を井戸で汲み出すことによってプラヤ湖の下で起こる灌水の移動もある。置換は、塩水の全水頭が周辺の清水より大きくなった時に生じる。

塩水浸入　salt water intrusion　清水の帯水層への海水の移動（塩水置換参照）。

砂　sand　(1)粒径が0.0625～2mmの範囲にある地質構成物。もしくは(2)主としてこれらの粒子からなる堆積物。

飽和した　saturated　物質のすきまが流体、通常は水で満たされた状態。流体がすべての連結した隙間が満たされていて、大気圧よりも高い、もしくは低いところに適用される。

飽和帯　saturated zone　すべての隙間が大小にかかわらず大気よりも高い圧力で水

に満たされた、水を帯びた部分。

飽和 saturated　(1)固体・気体・液体状態にある物質で、その合計がある特定の状態にある他の物質を保持していて、同じ状態において、それ以上に物質を保持することができないように達した状態。その時、物質は飽和した、もしくは飽和の状態にある、という。(2)特定の温度・圧力のもとで、特定の物質が最大可能量まで溶解している時の流体の状態。

浸透 seepage　(1)水または他の流体が、土壌のような多孔体をゆっくり移動する動きまたはプロセス。もしくは(2)浸透中にある流体の総量。

シルト silt　(1)粒径が0.004〜0.065mmの範囲にある地質構成物。もしくは(2)主としてこれらの粒子からなる堆積物。

土壌水分 soil moisture　土壌層中に含まれる水または湿度。

土壌の間隙 soil porosity　空気と水によって占められてすべての間隙空間を含む、固体粒子の占めていない部分の、土壌(もしくは岩石)の容量の比率。

比湧出量 specific capacity　井戸の中で、水位低下量で割った、井戸からの揚水量の比率。

比伝導度 specific conductivity　土壌中の水の動きに関して、ある面積における単位時間当たりの輸送される水の容積を表す要素。

比涵養率 specific injectivity　井戸の中で、水位上昇量で割った、井戸への涵養量の比率。

比透水係数 specific permeability　物質の透水性を表す指標。平均粒径のもつ面積に常に等しい。

比保湿量 specific retension　飽和後の、岩石・土壌中の水量の比率で、岩石・土壌中の重力によって弾かれる容積に対して保持される。

比貯留量 specific storage　帯水層の単位容積における貯留量から開放される水量で、単位容積中の平均水頭における単位水頭低下のもとで、水の膨張と間隙および粒子の圧縮によって出てくる。

比産水率 specific yield　飽和した後で、重力が岩石・土壌の容積に作用して出てくる、岩石・土壌の水量の比率。

静水頭 static head　水または他の液体の柱の、地下にある基準面上の高さで、ある点において静水圧によって支えられているもの。位置水頭と圧力水頭の合計で、ダルシーの法則が適用できる範囲では速度水頭は無視できる。

貯留容量 storage capacity　地下水を貯留することができる地表面下の空間の容量。全貯留容量は、地下水を貯留することができる空間の全容量である。有効貯留容量は、地下水が現在含まれていない全空間の容量で、そのために、涵養水を貯留することができる。

貯留係数 storage coefficient　水頭の単位変化当たりの、単位面積の帯水層におけ

る、揚水または注入による貯留分の水の容量。
持続的揚水量（有効汲み上げ量） sustained yield　望ましくない影響をまねくことなく地下水盆から年間を通して汲み上げることができる地下水の容量。
全溶存物質（TDS） total dissolved solids　水に溶解している物質（塩類）の量で、通常はmg/ℓで表す。
透水量係数 transmissivity　優勢な動粘性の水が、単位動水勾配のもとで帯水層の単位幅を流れる時の率で、透水係数に帯水層厚を掛けた値に等しい。
不圧（自由）地下水 unconfined (free) ground water　飽和帯の上面に、大気圧に等しい水面が形成され、貯留水の容量変化に応じて自由に昇降する不圧水が形成される。
不飽和帯 unsaturated zone　地表面と地下水面との間の帯。毛管水帯を含み、大気より圧力が低い水を含んでいる。
有効貯水容量 usable storage capacity　貯留分から経済的な揚水によって受け入れられる水質を保持している地下水の量。
循環水帯 vadose zone　不飽和帯参照。
乾式井戸 vadose zone (dry) well　ケーシングなしで、飽和帯まで達していない、機械掘りまたは手掘りの井戸。
水質 water quality　(1)使用のための水の適切度、および(2)ある用途に応じた物理的・化学的・生物学的特性。
地下水面 water table　(1)不透水性体によって形成されているものを除いた、飽和帯の上面。(2)圧力が大気圧に等しい土壌水中の点のある場所。または(3)不飽和帯水層中の井戸で地下水と出会う面。

付録B　単位と記号

AMPS＝アンペア
ASR＝涵養揚水併用
ASTM＝米材料試験学会
AWT＝高度水処理
AWWT＝高度下水処理
BADCT＝実証された利用可能な最高の制御技術
BOD＝生化学的酸素要求量
CEQ＝環境の質に関する審議会
cm＝センチメートル
℃＝摂氏温度
DBP＝殺菌副生成物
DO＝溶存酸素
Eh＝酸化還元電位
EIS＝環境影響報告書
FONSI＝重要でない影響を見つけ出すこと
g＝グラム
h＝水頭（圧力もしくは水理的な）
H＝全（水理）頭（圧力＋位置）
ha＝ヘクタール
HAA＝水酸
KW＝キロワット
kg＝キログラム
ℓ＝リットル
ℓ/s＝リットル毎秒
m＝メートル
m/s＝メートル毎秒
m^2＝平方メートル
m^3＝立方メートル
mg/ℓ＝ミリグラム毎リットル
mg/d＝ミリグラム毎日
mm＝ミリメートル
mps＝メートル毎秒
NEAP＝国家環境政策法

NPDES＝国家汚染排出規制システム
NTU＝比濁計による濁度単位
PE＝揚水効率
pH＝水素イオン活性
ppm＝百万分率
Q＝揚水量（産水量）
RO＝逆浸透
ROD＝決定の記録
SAT＝土壌―帯水層処理
S.C.＝比産水量
SL＝井戸スクリーン長
TDS＝全溶存物質
THM＝トリハロメタン
TOC＝全有機炭素
TSS＝全懸濁物質
$\mu g/\ell$＝マイクログラム毎リットル

付録C　参考文献

第1部　本文中の参考文献

American Society of Civil Engineers（ASCE）（アメリカ土木学会）. (1987). *Ground Water Management*（地下水管理）, ASCE Manuals and Reports on Engineering Practice No. 40, ASCE, New York, NY.

American Society for Testing and Materials（ASTM）（米材料試験学会）. West Conshohocken. Pa.

Dシリーズ：

D420：*Guide to Sire Characteristics for Engineering Design and Construction Purposes*（土木設計と建設のための地盤調査の手引き）.

D653：*Standard Terminology Relating to Soil, Rock, and Contained Fluids*（土壌・岩石・地下水に関する標準用語集）.

D4043：*Guide for Selection of Aquifer-Test Field and Analytical Procedures in Determination of Hydraulic Properties of Aquifers*（帯水層の水理特性決定における現地帯水層試験および解析手順選定のためのガイド）.

D4044：*Test Method（Field Procedure）for Instantaneous Change in Head（Slug Tests）for Determining Hydraulic Properties of Aquifers*（帯水層の水理特性決定における短時間水頭変化法〈スラグテスト〉のための試験法〈現場手順〉）.

D4050：*Test Method（Field Procedure）for Withdrawal and Injection Well Tests for Determining Hydraulic Properties of Aquifer Systems*（帯水層系の水理特性決定における揚水および注入井戸試験のための試験法〈現場手順〉）.

D4104：*Test Method（Field Procedure）for Withdrawal and Injection Well Tests for Determining Hydraulic Properties of Aquifers*（帯水層の水理特性決定における揚水および注入井戸試験のための試験法〈現場手順〉）.

D4105：*Test Method（Analytical Procedure）Determining Transmissivity and Storativity of Nonleaky Confined Aquifers by the Modified Theis Nonequilibrium Method*（修正タイス非平衡法による非漏水性被圧帯水層の透水量係数・貯留係数決定のための試験法〈解析手順〉）.

D4106：*Test Method（Analytical Procedure）for Determining Transmissivity and Storativity of Confined Nonleaky Aquifers by the Theis Nonequilibrium Method*（タイスの非平衡法による被圧非漏水性帯水層の透水量係数・貯留係数決定のための試験法〈解析手順〉）.

D4696： *Guide for Pore-Liquid Sampling from the Vadose Zone*（循環水帯からの間隙水採取のためのガイド）.

D4700： *Guide for Soil Sampling from the Vadose Zone*（循環水帯からの土壌採取のためのガイド）.

D4750： *Test Method for Determining Subsurface Liquid Levels in a Borehole or Monitoring Well (Observation Well)*（ボーリング孔またはモニタリング井戸〈観測井〉における地下液体レベル決定のための試験方法）.

D5092： *Practice for Design and Installation of Ground Water Monitoring Wells in Aquifers*（帯水層中の地下水モニタリング井戸の設計・設置のための実務）.

D5126： *Guide for Comparison of Field Methods for Determining Hydraulic Conductivity in the Vadose Zone*（循環水帯における透水係数決定のための現地試験法比較のためのガイド）.

D5254： *Practice for Minimum Set of Data Elements to Identify a Ground-Water Site*（地下水サイト認定のデータ要素最小セットのための実務）.

D5269： *Test Method (Analytical Procedure) for Determining Transmissivity of Nonleaky Confined Aquifers by the Theis Recovery Method*（タイスの回復法による漏水性被圧帯水層の透水量係数・貯留係数決定のための試験法〈解析手順〉）.

D5270： *Test Method (Analytical Procedure) for Determining Transmissivity and Storage Coefficient of Bounded, Nonleaky, Confined Aquifers*（境界のある、漏水性、被圧帯水層の透水量係数・貯留係数決定のための試験法〈解析手順〉）.

D5408： *Guide for the Set of Data Elements to Describe a Ground-Water Site ; Part 1 Additional Descriptors*（地下水サイト表現のデータ要素セットのためのガイド；第1部—補足記述子）.

D5409： *Guide for the Set of Data Elements to Describe a Ground-Water Site ; Part 2 Physical Descriptors*（地下水サイト表現のデータ要素セットのためのガイド；第2部—物理的記述子）.

D5410： *Guide for the Set of Data Elements to Describe a Ground-Water Site ; Part 3 Usage Descriptors*（地下水サイト表現のデータ要素セットのためのガイド；第3部—利用記述子）.

D5447： *Guide for Application of a Ground-Water Flow Model to a Site-Specific Problem*（地下水流れモデルのサイト選定問題への適用のためのガイド）.

D5472： *Test Method for Determining Specific Capacity and Estimating Transmissivity at the Control Wall*（制御井戸における比湧出量決定・透

水量係数算定のための試験方法)．

D5473： *Test Method (Analytical Procedure) for Analyzing the Effects of Partial Penetration of Control Well and Determining the Horizontal and Vertical Hydraulic Conductivity in a Nonleaky Confined Aquifer* (漏水性，被圧帯水層の部分貫入コントロール井戸の影響の解析と，水平・鉛直透水係数決定のための試験法〈解析手順〉)．

D5474： *Guide for Selection of Data Elements for Ground-Water Investigations* (地下水調査におけるデータ要素選定のためのガイド)．

D5490： *Guide for Comparing Ground-Water Flow Model Simulations to Site-Specific Information* (サイト固有の情報を取り込んだ地下水流動モデルシミュレーション比較のためのガイド)．

D5521： *Guide for Development of Ground-Water Monitoring Wells in Granular Aquifer* (粒状帯水層の地下水モニタリング井戸の仕上げに関するガイド)．

D5549： *Guide for Reporting Geostatisical Site Investigation* (地球統計学的サイト調査のためのガイド)．

D5609： *Guide for Defining Boundary Conditions in Ground-Water Flow Modeling* (地下水流動モデルにおける境界条件決定のためのガイド)．

D5610： *Guide for Defining Initial Conditions in Ground-Water Flow Modeling* (地下水流動モデルにおける初期条件決定のためのガイド)．

D5611： *Guide for Conducting Sensitivity Analysis for a Ground-Water Flow Model Application* (地下水流動モデル適用のための感度分析に関するガイド)．

D5718： *Guide for Documenting a Ground-Water Flow Model Application* (地下水流動モデル適用の手引書に関するガイド)．

D5730： *Guide for Site Characteristics for Environmental Purposes, with Emphasis on Soil, Rock, the Vadose Zone, and Groundwater* (環境目的を強調した，土壌・岩石・循環水帯・地下水のサイトの特性づけのためのガイド)．

D5737： *Guide to Methods for Measuring Well Discharge* (計測井戸揚水法のためのガイド)．

D5738： *Guide for Displaying Results of Chemical Analyses of Groundwater for Major Ions and Trace Elements-Diagrams for Single Analyses* (主要イオンおよび微量元素に関する地下水の水質分析結果の表示法のためのガイド―単一解析のダイヤグラム)．

D5753： *Guide for Planning and Conducting Borehole Geophysical Investigations* (孔内物理探査の計画・実施のためのガイド)．

D5754： *Guide for Displaying Results of Chemical Analyses of Groundwater for Major*

　　　　 Ions and Trace Elements–Trilinear and Other Multiple Coordinate Diagrams（主要イオンおよび微量元素に関する地下水の水質分析結果の表示法のためのガイド―トリリニア法およびその他の多軸ダイヤグラム）.

D5777： *Guide for Using Seismic Refraction Method for Subsurface Investigation*（地震波を用いた地下探査のためのガイド）.

D5781： *Guide for Use of Dual Well-Reverse Circulation-Drilling for Environmental Exploration and Installation of Subsurface Water Quality Monitoring Devices*（二重井戸―リバースサーキュレーション―使用のためのガイド―環境調査および地下水質モニタリング装置埋設のための掘削）.

D5782： *Guide for Use of Direct Air Rotary Drilling for Environmental Exploration and Installation of Subsurface Water Quality Monitoring Devices*（直接空気循環掘削法使用のためのガイド―環境調査および地下水質モニタリング装置埋設のための掘削）.

D5875： *Guide for Use of Cable Tool Drilling and Sampling Methods for Environmental Exploration and Installation of Subsurface Water Quality Monitoring Devices*（環境調査および地下水質モニタリング装置埋設のための、綱式掘削法と資料採取法に関するガイド）.

D5877： *Guide for Displaying Results of Chemical Analyses of Groundwater for Major Ions and Trace Elements-Diagrams Based on Data Analytical Calculations*（主要イオンおよび微量元素に関する地下水の水質分析結果の表示法のためのガイド―データ解析計算に基づいたダイヤグラム）.

D5786： *Practice (Field Procedure) for Constant Drawdown Tests in Flowing Wells for Determining Hydraulic Properties of Aquifer Systems*（帯水層システムの水理特性決定のための、自噴井戸における連続水位降下試験に関する実務〈解析手順〉）.

D5903： *Guide for Planning and Preparing for a Ground-Water Sampling Event*（地下水試料採取のための計画と準備に関するガイド）.

American Water Works Association（AWWA）（米水道協会）. (1988). *Design and Construction of Water Wells*（水井戸の設計と施工）, AWWA, Denver, Colo.

American Water Works Association（AWWA）. (1989). "Ground Water," *Manual of Water Supply Practices*（"地下水" 水供給実務のマニュアル）, AWWA M21, Denver, Colo.

American Water Works Association（AWWA）. (1993). *Evaluation and Restoration of Water Supply Wells*（水供給井戸の評価と改修）, Denver, Colo.

Anderson, M. P., and Woessner, W. W. (1992). *Applied Groundwater Modeling,*

Simulation of Flow and Advective Transport（応用地下水モデリング，流れと移流輸送のシミュレーション），Academic Press, San Diego, Calif., 380 p.

Asano, T. (Editor). (1985). *Artificial Recharge of Groundwater*（地下水の人工涵養），Butterworth Publishers, Stoneham, Mass.

Asano, T., Leong, L. Y. C., Rigby, M., and Sakaji, R. H. (1992). *Evaluation of the California Wastewater Reclamation Criteria Using Enteric Virus Monitoring Data*（腸ウィルスモニタリングデータを用いたカリフォルニア下水再生基準の評価），Water Science and Tech., 26 : 1513-1524.

Bouwer, H. (1978). *Groundwater Hydrology*（地下水水理学），McGraw-Hill Book Company, New York, N.Y. 479 p.

Bouwer, E. J., McCarty, P. L., Bouwer, H., and Rice, R. C. (1984). *Organic Contaminant Behavior during Rapid Infiltration of Secondary Wastewater at the Phoenix 23rd Avenue Project*（フェニックス23番街事業における二次排水の急速浸透における有機汚染物質の挙動），Water Research, 18 : 463-472.

Bouwer, H., and Rice, R. C. (1984). *Hydraulic Properties of Stony Vadose Zones*（岩石質循環水帯の水理特性），Ground Water, 22 (6) : 696-705.

Bouwer, H., and Rice, R. C. (1989). *Effect of Water Depth in Groundwater Recharge Basins on Infiltration Rate*（地下水涵養池の浸透速度に関する水深の影響），J. Irrig. and Drain. Engrg., ASCE, 115 (4) : 556-568.

Bouwer, H. (1990a). *Agricultural Chemicals and Ground Water Quality-Issues and Challenges*（農業化学物質と地下水質の課題と挑戦），Ground Water Monitoring Rev., 10 : 71-79.

Bouwer, H. (1997). *Role of Ground Water Recharge and Water Reuse in Integrated Water Management*（灌漑水管理における地下水涵養と水の再利用の役割），Arabian Journal for Science and Engineering 22 (1C) : 123-131.

California Department of Water Resources (CDWR)（カリフォルニア州水資源局）．(1991). *California Well Standards, Water Wells, Monitoring Wells, Cathodic Protection Wells*（カリフォルニア井戸規定，水井戸・モニタリング井戸・陰極防護井戸，公報），Bulletin 74-90, Sacramento, Calif.

Canter, L. W. (1996). *Environmental Impact Assessment*（環境影響評価），McGraw-Hill, Inc., New York, N. Y., 660 p.

Detay, M. (1996). *Rational Ground Water Reservoir Management*（合理的な地下水貯留管理），in Artificial Recharge of Ground Water II（地下水の人工涵養II），American Society of Civil Engineers, New York, N. Y.

Dobrin, M. B. (1974). *Introduction to Physical Prospecting*（物理探査入門），McGraw-Hill, New York, N. Y.

Driscoll, F. G. (1986). *Groundwater and Wells*, 6th Edition (地下水と井戸、第6版), Published by Johnson Division, St. Paul, Minn.

Fowler, L. C. (Editor). (1996). *Operation and Maintenance of Ground Water Facilities* (地下水施設の運用と維持管理), ASCE Manuals and Reports on Engineering Practice No. 86, American Society of Civil Engineers, New York, N. Y., 172 p.

Glover, R. E. (1960). *Mathematical Derivations as Pertain to Groundwater Recharge* (地下水涵養に関係する数学的変動), Agricultural Research Service, USDA, Ft. Collins, Colo.

Haitjema, H. M. (1995). *Analytic Element Modeling of Ground Water Flow* (地下水流れの解析要素モデル), Academic Press, Inc., San Diego, Calif., 394 p.

Hantush, M. D. (1967). *Growth and Decay of Groundwater mounds in Response to Uniform Percolation* (均一浸透に応じた地下水堆の成長と消失), Water Resources Research, 3 : 227-234.

Heath, R. C. (1984a). *Basic Ground Water Hydrology* (基礎的地下水水理学), U. S. Geological Survey Water Supply Paper 2220.

Heath, R. C. (1984b). *Ground Water Regions of the United States* (合衆国の地下水区), U. S. Geological Survey Water Supply Paper 2242.

Huisman, L., and Olsthoorn, T. N. (1983). *Artificial Groundwater Recharge* (地下水人工涵養), Pitman Publishing, Mansfield. Mass., 320 p.

Jain, R. K., Urban. L. V., Stacey, G. S., and Balbach, H. E. (1993). *Environmental Assessment* (環境評価), McGraw-Hill, Inc., New York, N.Y., 526 p.

Jensen, M. E., Burman, R., D., and Allen. R. G. (Editors). (1990). *Evapotranspiration and Irrigation Well Requirements* (蒸発散と灌漑井戸の必要事項), ASCE Manuals and Reports in Engineering Practice No. 70. ASCE, New York, N. Y., 332 p.

Johnson, A. I. (1981). *Some Factors Contributing to Decreased Well Efficiency during Fluid Injection of Water for Subsurface Injection* (水を地下に注入する間の井戸効率減少に関与するいくつかの要因), in ASTM STP 735, 89-101.

Konikow, L. F., and Bredehoeft, J. P. (1978, 1992). *Computer Model of Two Dimensional Solute Transport and Dispersion in Ground Water* (地下水中の二次元物質輸送・拡散のコンピュータモデル), UGGS.

Lee, G. F., and Jones-Lee, A. (1993). *Water Quality Aspects of Incidental and Enhanced Groundwater Recharge of Domestic and Industrial Wastewaters-An Overview* (家庭・工業廃水の付随・促進地下水涵養における水質の問題―概説), Proc. Symposium on Effluent Management. TPS-93-3. AWWA, Bethesda. Md.,111-120.

Lee, G. F., and Jones-Lee, A. (1995a). *Monitoring Reclaimed Domestic Wastewater in Public Parkland Vegetation to Reduce Risks* (公共公園の植生にまく再生下水のリ

スクを減少させるためのモニタリング水処理技術), Water Engineering and Management, 142 : 28-29, 37.

Lee, G. F., and Jones-Lee, A. (1995b). *Public Health and Environmental Safety of Reclaimed Wastewater Reuse*（再生廃水再利用の公衆衛生と環境安全性), in Proc. Seventh Symposium on Artificial Recharge of Groundwater, University of Arizona, Water Research Center, Tucson. Ariz., 113-128.

Lee, G. F., and Jones-Lee, A. (1996). *Appropriate Degree of Domestic Wastewater Treatment Before Groundwater Recharge and for Shrubbery Irrigation*（地下水涵養前の生活廃水処理とシュルベリー灌漑のための適正化の度合い), AWWA, WEF 1996 Water Reuse Conference Proceedings. AWWA, Denver, Colo., 929-939.

McCarty, P. L., Rittman, B. E., and Bouwer, E. J. (1984). *Microbiological Processes Affecting Chemical Transformations in Groundwater*（地下水の化学的変化に影響を与える微生物学的プロセス), in Groundwater Pollution Microbiology（地下水汚染微生物学), G. Bitton and C. P. Gerba (eds.), John Wiley & Sons, New York, 89-116.

McEwen, B., and Richardson, T. (1996). *Indirect Potable Reuse : Committee Report*（間接的飲用ユース：委員会報告), Proc. 1996 Water Reuse Conference, AWWA and Water Environment Fed., San Diego, Calif., 486-503.

Miller, D. W. (1980). *Waste Disposal Effects on Groundwater*（地下水における下水処理の影響), Premier Press, Berkeley, Calif.

National Research Council (NRC)（米国調査研究評議会). (1994). *Groundwater Recharge Using Waters of Impaired Quality*（損なわれた水質の水を使った地下水涵養), National Academy Press, Washington, D. C., 382 p.

National Water Well Association (NWWA)（全米水井戸協会). (1988). *Design and Construction of Water Wells*（水井戸の設計と施工), Van Nostrand Reinhold. New York, N. Y., 228 p.

National Water Well Association, Committee on Water Well Standards（全米水井戸協会，水井戸規定分科会). (1981). *Water Well Specifications*（水井戸の仕様), Premier Press, Berkeley, Calif.

Nellor, M. H., Baird, R. B., and Smith, L. R. (1984). *Summary of Health Effects Study: Final Report*（健康影響調査のまとめ，最終報告書), County Sanitation Districts of Los Angeles County, Whittier, Calif.

O'Hare, M. P., Fairchild, D. M., and Canter, L. W. (1986). *Artificial Recharge of Groundwater*（地下水の人工涵養), Lewis Publishers, Inc., Chelsea, Mich., 419 p.

Olsthoorn, T. N. (1982). *The Clogging of Recharge Wells*（涵養井戸の目詰まり), Netherlands Water Works Testing and Research Institute（オランダ水道試

験・研究所)，Communications No. 72, Rijswijk, Netherlands, 131 p.

Popkin, B. P. (1970). *Effects of Mixed-Grass and Native-Soil Filter on Urban Runoff Quality*（都市域からの流出水質における雑草・土壌フィルターの効果），NTIS PB-237, 683.

Post, Buckley, Schuh, and Jernigan. (1991). *Water Supply Cost Estimates, Vol. 1*（水供給費用評価、第1巻），Final Report. Phase I. Sec. 6, Contract No. C89-0153, So. Florida Water Management District, 50 p.

Pyne, R. D. G. (1995a). *Ground Water Recharge and Wells: A Guide to Aquifer Storage Recovery*（地下水涵養と井戸：帯水層貯留揚水のためのガイド），Lewis Publishers, Boca Raton, Fla., 375 p.

Pyne, R. D. G. (1995b). *Seasonal Storage of Reclaimed Water and Surface Waters in Brackish Aquifers Using Aquifer Storage Recovery (ASR) Wells*（涵養揚水併用井戸を用いた汽水帯水層における下水処理水および地表水の季節的貯留），in Artificial Recharge of Ground Water II, ASCE, New York, N. Y., 282-298.

Roscoe Moss Co. (1982). *A Guideline to Water Wall Casing and Screen Selection*（水井戸ケーシングとスクリーン選定のためのガイド），Los Angeles, Calif.

Roscoe Moss Co. (1985). *The Engineers' Manual for Water Well Design*（水井戸設計のための技術マニュアル），Los Angeles, Calif.

Roscoe Moss Co. (1990). *Handbook of Ground Water Development*（地下水開発ハンドブック），John Wiley and Sons, Inc., New York, N. Y.

Sloss, E. M., Geschwind, S. A., McCaffrey, D. F., and Ritz, B. R. (1996). *Groundwater Recharge with Reclaimed Water. An Epidemiological Assessment in Los Angeles County, 1987-1991*（下水処理水による地下水涵養：ロサンゼルス郡における流行病の評価、1987-1991），Rand, Santa Monica, Calif.

Todd, D. K. (1980). *Ground Water Hydrology*（地下水水理学），John Wiley and Sons, Inc., New York, N.Y.

United Nations (UN). (1975). *Department of Social and Economic Affairs. Water Series No. 2, Groundwater Storage and Artificial Recharge*（社会・経済問題局、水シリーズNo. 2、地下水貯留と人工涵養），United Nations.

U. S. Bureau of Reclamation (USBR)（アメリカ水利再生利用局）. (1981). *Ground Water Manual*（地下水マニュアル），U. S. Govt. Printing Office, Washington. D. C., 480 p.

U. S. Environmental Protection Agency (USEPA)（アメリカ環境保護庁）. (1992). *Guidelines for Water Reuse. Manual EPA/625/R-92/004*（水再利用のためのガイド、マニュアルEPA/625/R-92/004），947 p.

U. S. Environmental Protection Agency (USEPA). (1995). *Guidance on*

Documentation and Evaluation of Trace Metals Data Collected for Clean Water Act Monitoring（清水法モニタリングのための希少金属データ収集の文書化と評価についてのガイダンス），EPA821-B-002 USEPA. Washington. D. C.

Van der Heijde, P., and Elnawawy, O. A.（1992）. *Compilation of Groundwater Models*（地下水モデルの比較），USEPA Robert S. Kerr Environmental Research Lab.

Van der Heijde, P.（1994）. *Identification and Compilation of Unsaturated/Vadose Zone Models-Project Summary*（不飽和／循環水帯モデルの設定と比較—事業のまとめ），USEPA Robert S. Kerr Environmental Research Lab.

Van der Heijde, P.（1996）. *Compilation of Saturated and Unsaturated Zone Modeling Software*（飽和帯—不飽和帯モデルのソウトウェアの比較），National Risk Management Research Lab.（国立機器管理調査研究所），Office of Research and Development. Cincinnati, Ohio.

Van der Leeden, F., Troise, F., and Todd, D. L.（1990）. *The Water Encyclopedia*（水の百科辞典），2nd Edition. Lewis Publishers, Inc., Chelsea, Mich.

Zangar, C. N.（1953）. *Theory and Problems of Water Percolation*（水浸透の理論と課題），U. S. Bureau of Reclamation, Engineering Monographs No. 8.

第2部　追加参考文献

Aller, L., Bennett, T., Lehr, J. H., and Petty, R. J（1985）. *DRASTIC: A Standardized System for Evaluating Ground Water Pollution Potential Using Hydrogeologic Settings*（DRSTIC：水理地質的単位を用いた地下水汚染の可能性の評価における標準化システム），U. S. Environmental Protection Agency Publication 600/2-85/018, U. S. Government Printing Office, Washington. D. C.

American Public Health Association, American Water Works Association, and Water Pollution Control Federation（アメリカ公衆衛生協会・アメリカ水道協会・水汚染防止連盟）.（1995）. *Standard Methods for the Examination of Water and Waste Water*（水および廃水の試験のための標準法），18th Edition, American Public Health Association, Washington, D. C.

American Society For Testing and Materials（米材料試験学会）

 D5299：*Guide for Decommissioning of Ground Water Wells. Vadose Zone Monitoring Devices, Boreholes, and Other Devices for Environmental Activities*（環境活動において、地下水井戸・循環水帯モニタリング装置・ボーリング孔・その他の装置の役目を解くためのガイド）.

 D5716：*Test Methods to Measure the rate of Well Discharge by Circular Orifice Weir*（循環式オリフィス堰による井戸流量測定のための試験法）.

D5717：*Guide for the design of Ground-Water Monitoring Systems in Karst and Fractured-Rock Aquifers*（カルスト・亀裂岩石帯水層における地下水モニタリングシステム設計のためのガイド）.

D5787：*Practice of Monitoring Well Protection*（モニタリング井戸保護の実務）.

American Water Works Association（AWWA）.（1981）. *Proceedings AWWA Seminar on Organic Chemical Contaminants in Groundwater : Transport and Removal*（地下水中の有機化学物質に関するAWWAセミナー予稿集：輸送と除去）, AWWA, Denver, Colo.

American Water Works Association（AWWA）.（1996）. *Improved Well Pump Efficiency*（改善した井戸揚水効率）, AWWA Research Foundation.

Ames, B. N., and Gold, L. S.（1990）. *Too Many Rodent Carcinogens: Mitogenesis Increases Mutagenesis*（多すぎるローデンカシノジェン：ミトジェネシスがミュータジェネシスを増加させる）, Science, 249：970-971.

Anderson, K. E.（1993）. *Ground Water Handbook*（地下水ハンドブック）, National Ground Water Association, Dublin, Ohio.

Anderson, K. E.（Editor）.（1984）. *Water Well Handbook*（水井戸ハンドブック）, Missouri Water Well & Pump Contractors Assn., Inc.

Arizona Hydrological Society（アリゾナ水理地質協会）.（1997）. *8th Biennial Symposium of the Artificial Recharge of Groundwater*（地下水人工涵養の第8回2年おきシンポジウム）, University of Arizona Water Resources Research Center, Tuscon, Ariz.

Bachmat, Y., Bredehoeft, J., Andrews, B., Holtz, D., and Sebastian, S.（1980）. *Groundwater Management: The Use of Numerical Models*（地下水管理：数値モデルの利用）, Water Resources Management No. 5, American Geophysical Union, Washington, D. C., 127 p.

Barcelona, M. J., Gibb, J. P., and Miller, R. A.（1983）. *A Guide to the Selection of Materials for Monitoring Well Construction and Ground-Water Sampling*（モニタリング井戸の施工と地下水採取のための材料選定ガイド）, Illinois State Water Survey, ISWS Contract Report 327, Urbana, Ill., 78 p.

Baski, H.（1987）. *Hydrofracturing of Water Wells*（水井戸の水破砕作用）, Water Well Journal, 34-35.

Bear, J.（1979）. *Hydraulics of Ground Water*（地下水の水理）, McGraw-Hill Book Company, New York, N. Y., 569 p.

Beck, A. E.（1981）. *Physical Principles of Exploration Methods*（探査法の物理的基礎）, John Wiley and Sons. Inc., New York, N. Y.

Borch, Smith, and Noble.（1990）. *AWWA Standards for Water Wells*（水井戸の

AWWA規定), A 100-90, American Water Works Association, Denver, Colo., 75 p.

Bouwer, H. (1982). *Design Considerations for Earth Linings for Seepage Control* (浸透を制御するための地表ライニングの設計検討事項), Ground Water. 20 (5).

Bouwer, H. (1990b). *Effects of Water Depth and Groundwater Table on Infiltration from Recharge Basins* (涵養池からの浸透における湛水深と地下水面の効果), in S. C. Harris (ed), Proc. 1990 Nat. Conf. Irrigation & Drain. Div. ASCE. Durango, Colo. 377-384.

Bouwer, H. (1993). *From Sewage Farm to Zero Discharge* (下水処理施設からの流出防止), J. European Water Pollution Control. 3 (1) : 9-16.

Bouwer, H. (1995). *Estimating the Ability of the Vadose Zone to Transmit Liquids* (液体移転に対して循環水帯がもつ能力の算定), in Handbook of Vadose Zone Characteristics and Monitoring, L. G. Williams, L. G. Everett, and S. J. Cullen (eds.). Lewis Publishing, Boca Raton, Fla. 177-188.

Brook, G. A., Sun, C. H., and Lloyd, T. S. (1984). *Geological Factors Influencing Well Productivity on the Georgia Piedmont* (ジョージア平原における井戸の能力に影響する地質的要素), Technical Completion Report USDA Project G-836 (04). University of Georgia and Georgia Institute of Technology, Ga.

Campbell, M. D. and Lehr, J. H. (1977). *Water Well Technology* (水井戸の技術), McGraw-Hill, New York, N. Y.

Canter, L. W. (1996). *Environmental Impact Assessment* (環境影響評価), 2nd Edition, McGraw-Hill. Inc., New York, N. Y., 660 p.

Carpenter, C. H. (1983). *Engineering Water Wells* (水井戸の実務), Journal AWWA, August.

Cedergren, H. R. (1977). *Seepage, Drainage. and Flow Nets* (浸透・排水とフローネット), 2nd Edition, John Wiley & Sons. Inc., New York, N. Y., 510 p.

Clarke, F. E. (1980). *Corrosion and Encrustation in Water Wells* (水井戸における腐食と被膜形成), FAO Irrigation and Drainage Paper No. 34, Food and Agriculture Organization of the United Nations, Rome.

Davis, J. C. (1986). *Statistics and Data Analysis in Geology* (地質学における統計とデータ分析), Wiley, New York, N. Y.

de Marsily, G. (1986). *Quantitative Hydrology Groundwater Hydrology for Engineers* (定量的水文学—技術者のための地下水学), Academic Press, San Diego, Calif.

Dicmas, J. L. *Vertical Turbine, Mixed Flow and Propeller Pumps* (垂直タービン・混合流とプロペラポンプ).

Driscoll, F. G., Hanson, D. T. and Page, L. J. (1980). *Well-Efficiency Project Yields,*

Energy Saving Data（井戸効率事業効果,エネルギー節約のためのデータ）, *Parts 1-3*, Johnson Driller's Journal, Mar./Apr., May/Jun., Sept. /Oct.

Dunn, T., and Leopold, L. B. (1978). *Water in Environmental Planning*（環境設計における水）, W. H. Freeman & Co., San Francisco, Calif., 818 p.

Eggington, H. F. (Editor). (1985). *Australian Drillers Guide*（オーストラリアのドリラーガイド）, 2nd Edition. NSW. Australia : Australian Drilling Industry Training Committee Limited.

Fetter, C. W. Jr. (1980). *Applied Hydrogeology*（応用水理地質学）, Charles E. Merrill Publishing Co., Columbus, Ohio.

Feulner, A. J. (1964). *Galleries and Their Use for Development of Shallow Ground Water Supplies, with Special Reference to Alaska*（アラスカにおける、浅層地下水開発のためのギャラリーとそれらの利用）, U. S. Geological Survey Water-Supply Paper 1809-E.

Finlayson, D. J. (Editor). (1984). *Economics and Groundwater*（経済と地下水）, American Society of Civil Engineers New York, N. Y.

Freeze, R. A., and Cherry, J. A. (1979). *Groundwater*（地下水）, Prentice-Hall. Inc., Englewood Cliffs, N. J., 604 p.

Gass, T. E., Bennett, G. D., Miller, V. C., and Miller, C. F. (1980). *Manual of Water Well Maintenance and Rehabilitation Technology*（水井戸維持管理と改修技術マニュアル）, NWWA, Dublin, Ohio.

Gibb, J. P., Schuller, R. M., and Griffin, R. A. (1981). *Procedures for the Collection of Representative Water Quality Data from monitoring Wells*（モニタリング井戸からの代表的水質データを取得するための手順）, Cooperative Groundwater Report 7, Illinois State Water Survey and Illinois State Geological Survey, Champaign, Ill.

Giffen, A. V. (1968). *Control of Flowing Artesian Wells*（自噴井戸のコントロール）, Division of Research Paper No. 2021, Ontario Water Resources Commission, December.

Goldfarb, W. (1988). *Water Law*（水法）, Lewis Publishers. Chelsea, Mich.

Goodrich, D. L. (1985). *Step-Drawdown and Constant-Rate Pumping*（段階および一定水量揚水）, Water Well Journal, 39, 39-42.

Helweg, O. J., Scott, V. H., and Scalmanini, J. C. (1983). *Improving Well and Pump Efficiency*（井戸と揚水効率の改善）, American Water Works Association, Denver, Colo.

Helweg, O. J. (1991). *Microcomputer Applications in Water Resources*（水資源におけるマイクロコンピュータの利用）, Prentice-Hall, Inc., Englewood Cliffs, N. J.

Hern, S. C., and Melancon, S. M. (1986). *Vadose Zone Modeling for Organic Pollutants* (有機汚染のための循環水帯モデリング), Lewis Publishers, Chelsea, Mich.

Hicks, T. G. (1957). *Pump Selection and Application* (ポンプの選定と適用), McGraw-Hill Book Company, Inc., New York, N. Y.

Hultquist, R. H., Sakaji, R. H., and Asano, T. (1991). *Proposed California Regulations for Groundwater Recharge with Reclaimed Municipal Wastewater* (再生都市下水による地下水涵養のためのカリフォルニア州規定), in Proc. 1991 Specialty Conference, Environmental Engineering ASCE, Reno, Nev., July 1991, 759-764.

Javandel, I., Doughty, C., and Tsang, C. (1984). *Groundwater Transport : Handbook of Mathematical Models* (地下水輸送：数学的モデルハンドブック), Water Resources Monograph Series 10, American Geophysical Union, Washington, D. C.

Johnson, A. I., and Finlayson, D. J. (Editors). (1988). *Proceedings of the International Symposium on Artificial Recharge of Ground Water* (地下水人工涵養国際シンポジウム予稿集), American Society of Civil Engineers, New York. N. Y.

Johnson, A. I., and Pyne, R. D. G. (Editors). (1994). *Proceedings of the Second International Symposium on Artificial Recharge of Ground Water* (第2回地下水人工涵養国際シンポジウム予稿集), American Society of Civil Engineers, New York, N. Y.

Kruseman, G. P., and de Ridder, N. A. (1990). *Analysis and Evaluation of Pumping Test Data* (揚水試験データの解析と評価), Publication 47, 2nd Edition, International Institute for Land Reclamation and Improvement.

Larson, E. E., and Birkeland, P. W. (1982). *Putman's Geology* (パットマンの地質学), 4th Edition, Oxford University Press, New York, N. Y.

McDonald, M. G., and Harbaugh, A. W. (1984). *A Modular Three-Dimensional Finite-Difference Ground-Water Flow Model (MODELOW)* (三次元標準差分法地下水流れモデル〈MODFLOW〉), U. S. Geological Survey, Washington, D. C.

McWorter, D. B., and Suanada, D. K. (1977). *Ground-Water Hydrology and Hydraulics* (地下水の水文と水理), Water Resources Publications, Fort Collins, Colo., 290 p.

Meiser and Earl Hydrogeologists. (1982). *Use of Fracture Traces in Water Well Location : A Handbook* (水井戸地点における亀裂トレーサーの利用：ハンドブック), U. S. Office of Water Research and Technology, Washington, D. C.

Mercer, J. W., and Faust, C. R. (1981). *Ground Water Modeling* (地下水モデリング), National Water Well Association, Worthington, Ohio, 60 p.

Mogg, J. W. L. (1992). *Design, Development and Cost of Wells* (井戸の設計・施工・費用), Paper No. 3, Seminar Proceedings on Getting the Most from Your Well

Supply, American Water Works Association, Denver, Colo., June.

Moridis, G. J., and Reddell, D. L. (1991a). *Secondary Water Recovery by Air Injection, 1. The Concept and the Mathematical and Numerical Model*（空気注入による二次的揚水法、1．概念と数学的・数値的モデル）, Water Resources Research, 27 (9) : 2337-2352.

Moridis, G. J., and Reddell, D. L. (1991b). *Secondary Water Recovery by Air Injection, 2. The Implicit Simultaneous Solution Method*（空気注入による二次的揚水法、2．Implicit Simultaneous解法モデル）, Water Resources Research, 27 (9) : 2353-2368.

Moridis, G. J., and Reddell, D. L. (1991c). *Secondary Water Recovery by Air Injection, 3. Evaluation of Feasibility*（空気注入による二次的揚水法、3．適用性の評価）, Water Resources Research, Washington, D. C., 382 p.

National Research Council (NRC), Geophysics Study Committee. (1984). *Groundwater Contamination*（地下水汚染）, National Academy Press, Washington, D. C.

National Water Well Association. (1979). *Water Well Drillers Beginning Training Manuel*（水井戸掘削技術者のためのトレーニングマニュアル）, Worthington, Ohio.

National Water Well Association, Safety Committee. (1980) *Manual of Recommended Safe Operating Procedures and Guidelines for Water Well Contractors and Pump Installers*（水井戸施工者・ポンプ取付者のための安全操作手順とガイドラインマニュアル）, NWWA, Dublin, Ohio.

Nielsen, D. M. (Editor). (1983). *Aquifer Resonation and Ground Water Monitoring*（帯水層resonationと地下水モニタリング）, Proc. of the Third National Symposium, National Water Well Association.

Nyer, E. K. (1985). *Groundwater Treatment Technology*（地下水処理技術）, Van Nostrand Reinhold Company, New York, N. Y.

Otto, D. L., Strack. (1989). *Ground Water Mechanics*（地下水メカニズム）, Prentice-Hall, Englewood Cliffs, N. J. 732 p.

Pettygrove, G. S., and Asano, T. (1985). *Irrigation with Reclaimed Municipal Wastewater-A Guidance Manual*（再生都市下水による灌漑—導入マニュアル）, Lewis Publisher, Chelsea, Mich.

Pettyjohn, W. A. (1981). *Introduction to Artificial Groundwater Recharge*（地下水人工涵養の導入）, USEPA, NWWA/EPA Series, 44 p.

Pinder, G. F., and Gray, W. G. (1977). *Finite Element Stimulation in Surface and Subsurface Hydrology*（地表・地下水文学における有限要素法）, Academic Press,

New York, N. Y., 295 p.

Rice, R. C., and Bouwer, H. (1984). *Soil-Aquifer Treatment Using Primary Effluent*（初期流出を用いた土壌—帯水層処理）, J. Water Pollution Control Fed., 56 (1) : 84-88.

Scalmanini, J. C., and Scott, V. H. (1979). *Design and Operation Criteria for Artificial Groundwater Recharge Facilities*（人工地下水涵養施設のための設計・運用指針）, University of California, Davis, Water Science and Engineering Paper, No. 2009.

Schroeder, E. D. (1977). *Water and Water Treatment*（水と水処理）, McGraw-Hill, New York, N. Y.

Smith, S. (1984). *Detecting Iron and Sulfur Bacteria in Wells*（井戸中の鉄・硫化バクテリアの検知）, NWWA Water Well Journal, March.

Smith, S., and Tuovinen, O. (1985). *Environmental Analysis of Iron-Precipitating Bacteria in Ground Water and Wells*（地下水および井戸中に沈着する鉄バクテリアの環境分析）, NWWA Ground Water Monitoring, Fall.

Strahler, A. N. (1975). *Physical Geography*（自然地理学）, 4th Edition, John Wiley & Sons, New York, N. Y.

Tank, R. W. (1983). *Legal Aspects of Geology*（法律的に見た地質学）, Plenum Press, New York, N. Y., 583 p.

Thinly, L. R., and Wilson, J. L. (1980). *Description of and User's Manual for a Finite Element Aquifer Flow Model Aquifer-I*（帯水層1、有限要素帯水層流れモデルの記述とユーザーズマニュアル）, Parsons Laboratory for Water Resources and Hydrodynamics, Report No. 252, 299 p.

Thomann, R. V., and Mueller, J. A. (1987). *Principles of Surface Water Quality Modeling and Control*（地表水質モデルとコントロールの原理）, Harper and Row Publishers, Inc., N. Y.

Thurman, E. M. (1979). *Isolation Characterization and Geochemical Significance of Humic Substances from Groundwater*（地下水からの腐食物質の分離・特徴づけおよび地球化学的重要性）, PhD thesis, Dept. Geol. Sci., Univ. of Colorado, Boulder, Colo.

United Nations, Food and Agricultural Organization, *Drainage Paper Number 34*（ドレイナッジペーパーNo. 34）, United Nations, Rome, Italy.

U. S. Bureau of Reclamation. (1981a). *Water Measurement Manual*（水計測マニュアル）, U. S. Government Printing Office, Denver, Colo., 327 p.

U. S. Environmental Protection Agency. (1976). *Manual of Water Well Construction Practices*（水井戸施工実務のマニュアル）, EPA570/9-75-001, Office of Water Supply, Washington, D. C.

U. S. Environmental Protection Agency. (1983). *Methods for Chemical Analysis of Water and Wastes*（水と廃棄物の化学分析のための方法）, U. S. Printing Office, EPA 600/4-79-020, Washington, D. C.

U. S. Environmental Protection Agency. (1987). *Wellhead Protection, A Decision Makers Guide*（井戸管頭保護，意思決定者ガイド）, Office of Ground Water Protection, Washington, D. C.

U. S. Geological Survey. (1967). *Water Supply Paper 1662D*（水供給報告書1662D）.

UNICEF. (1985). *Guidelines for Drillers, Engineers, Geologists, and Drilling Trainees*（掘削担当者・技術者・地質技術者・掘削研修員のためのガイドライン）, United Nations, New York, N. Y.

Verschueren, K. (1983). *Handbook of Environmental Data on Organic Chemicals*（有機化学物質に関する環境データハンドブック）, 2nd Edition, Van Nostrand Reinhold Co., New York, N. Y.

Walker, R. (1980). *Pump Selection : A Consulting Engineers Manual*（ポンプの選定：コンサルティングエンジニア・マニュアル）, Ann Arbor Science, Ann Arbor, Mich., 118 p.

Walton, W. C. (1985). *Practical Aspects of Groundwater Modeling Flow, Mass and Heat Transport and Subsidence Analytical and Computer Models*（地下水流動モデル・物質熱収支・地盤沈下解析とコンピュータモデルの実務的観点）, 2nd Edition, NWWA, Worthington, Ohio.

Wang, H. F., and Anderson, M. P. (1982). *Introduction to Groundwater Modeling-Finite Difference and Finite Element Methods*（地下水モデル入門―差分および有限要素法）, W. H. Freeman, San Francisco, Calif., 237 p.

Warner, D. L., and Lehr, J. H. (1981). *Subsurface Wastewater Injection*（下水の地下注入）, Premier Press, Berkeley, Calif., 344 p.

Williams, D. E. (1985). *Modern Techniques in Well Design*（井戸設計の最新技術）, AWWA Journal, 77 (9).

Willis, R., and Yeh, W. W.-G. (1983). *Groundwater Systems Planning and Management Practice*（地下水システムの計画と管理の実務）, Prentice-Hall, Englewood Cliffs, N. J.

World Health Organization. (1996). *Guidelines for Drinking Water Quality, Health Criteria*（飲料水質・健康指針に関するガイドライン）, 2 : 1211 Geneva 27, Switzerland.

付録D 環境チェックリストの一覧表

（主務官庁によって行われる）
（カリフォルニア州の様式に基づく）

A．背景
　1．提議者の名前
　2．提議者の住所・電話番号
　3．チェックリスト承認の日付
　4．チェックリストを要求する機関
　5．もしできれば、提案の名称

B．つぎの質問は、はい・たぶん・そのような回答が当てはまるところはない、というふうに回答されなければならない。はい・たぶん・いいえより他の要求をしている質問ではなく、環境プロセスの助けになるように加えられる。

1．水に関連する課題

1.1　既存水源の水質への影響
・涵養水の水質は、既存の地下水と同等か？
・将来の地下水は安全で、飲料に適しているか？
・既存の水供給の水質が悪くならないか？
・涵養の後、将来どのような"変化"が既存の地下水に生ずるか？
5 原水は望ましくない影響を最小化することができるか？
・計画した水源に対して、水質のもっともよい代替はないか？
・地表水への流出や、または水温に限らず、溶存酸素や濁度を含む、地表水質の変化はないか？

1.2　涵養水の水質への影響
・原水は涵養する前に処理するのか、もしそうだとすると、なぜ？
・処理は地下水・帯水層の質を守るのに適切であるか？
・処理はどのようにモニタリングされるのか？
・用いられる装置の信頼性はどうか？
5 どのような防護的バックアップが可能か？

1.3　地下水の水質への影響
・既存の規制は、涵養水における、規制・非規制の化学物質や病原菌から、公衆衛生・地下水資源・環境を守るのに適切であるか？
・地下水モニタリング網は、問題を回避するのに適切であるか？

1.4 地表水供給施設の水量への影響
・水源の分散はどのような影響を既存の水供給に与えるか？
・水利権は問題か？
・海水・淡水のいずれにおいても、現在の、流れまたは水移動の方向のコースに変化はあるか？
・洪水のコースや流量に変化は与えるか？
5 地表水体の水量に変化をきたさないか？
・表面流出の流量や排水パターン、または率や総量に変化はきたさないか？

1.5 地下水供給施設の水量への影響
・永続的な産水量やオーバードラフトにおける事業の影響はあるか？
・供給量が増えることの主な貢献者は誰か？
・費用や起こりうる災害を考慮して、地下水位が上昇し、地下水貯留量が増加することに照らして、なにが事業の影響であろうか？
・代替戦略における利益の比較はどのように行うか？
5 地下水の流向と流量の変化はあるか？
・直接的な付加や揚水、切土や掘削による帯水層の遮断などを通して、地下水量の変化は起こるか？

1.6 地下水位の変化への影響
・地下室・露天掘り・水井戸・揚水効率その他などのような、既存の構造物に地下水面上昇の影響がどのようになるか？
・地下水面の変化はどのようにモニタリングするのか？
・地下水位の変化は、沿岸住民に影響を与えるか？
・地下水位の変化は、帯水層のあり方や汚染に変化を与えるか？

1.7 水質基準計画にない影響
・既存の地表水・地下水はどのように保全されるのか？
・問題点をどのように検知するか？
・問題点や正しい活動を、どのように住民に伝えられるか？
・どのように代替案／緩和策を適用し財務化するか？

2．生態に関する課題

2.1 水生および陸生植物と動物
・人工涵養施設の建設は、湿地の埋め立てを必要とするか、もしそうだとすればいくらかかるか？
・水源の使用は、生育環境を損なわないだろうか？
・種の多様性や多くの植物種（樹木・灌木・草類・作物・水生植物など）、動物種

（鳥類、爬虫類・魚類・貝類・底生生物・昆虫などの陸生生物）の変化をもたらさないか？
・悪影響とのバランスを考えて、なにがトレードオフの関係にあるか？
5 固有・希少・絶滅危惧種を減少させることはないか、もしそうなら、どのような緩和策があるか？
・生育環境への影響はどれくらいあるか？
・どの種が影響を受けるか、もしそうなら何に対してどのようにか？

2.2　渡り鳥
・どの渡り鳥に影響を及ぼすか？
・渡り鳥への影響の度合いはどれくらいか？
・悪影響とのバランスを考えて、なにがトレードオフの関係にあるか？

2.3　絶滅危惧種
・固有・希少・絶滅危惧の動植物に影響を及ぼさないか？

2.4　望ましくない種
・蚊・げっ歯類・雑草・その他の"望ましくない"動植物を引き寄せないか？
・望ましくない種をどのように抑制するか？

3．土地に関する課題

3.1　土壌
・土地条件を不安定にしたり、地質構造を変化させたりしないか？
・土壌の分断・変位・圧縮・オーバーカバーなどを引き起こさないか？
・固有の地質・自然特性を破壊・カバー・変質させることはないか？
・土壌の風食・水食をサイトのみならずその周辺も含めて、増大させることはないか？
5 海岸砂の堆積や侵食の変化、シルト化・堆積または侵食が、河床・流路・海床・湾・流入口・湖などで生じないか？
・その事業が、人や諸特性に対して潜在危機や自然災害（洪水・地震・地すべり・地盤沈下・リバウンドなど）を受けやすくするのではないか？
・事業の安全性を周辺地域の地主に保証するのに、どのような調査をすればいいか？
・将来にわたってこの保証を維持するには、どのような防護措置をとればいいか？
・計画施設のためにどのくらいの土地が必要になるか？
10 それはいかに利用されるか？
・土地の現在または計画利用の実効的な代替案はあるか？

3.2　大気
・実質的な空気の排出や大気質の劣化はあるか？

・悪臭は発生しないか？
・改造・空気の移動・湿度・気温・いかなる気候の変化、それらが局地的・地域的にかかわらず生じないか？

3.3 土地利用
・その事業はいかに周辺の土地利用に影響するだろうか？
・特性の値はいかに影響を受けるだろうか？
・事業地域における望ましくない影響を消滅させるために、事業と周辺の特性の間に適切な緩和地帯はあるだろうか？
・地域割は変更できるだろうか？
5 レクリエーションの利用はゆるされるか、またそれらの利用は周辺地域でもできるか？
・その事業は適切な景観を保てるか？

4．社会経済的課題

4.1 人
・計画されている事業は、雇用・収入・生活水準・地域の発展・レクリエーションの機会などに影響を与えないか？
・これは、順次、社会活動・組織・個人の生活様式などに影響を与えないか？
・その事業は、個人の心理的ニーズ（感情の安定と安全）や、個人の集まりに影響を与えないか？
・地域のニーズ（インフラストラクチャー）に影響を与えないか、もし与えるとすれば、どのように、どれくらい？
・事業を支持するかしないかということで、コミュニティーは分割されないか？

4.2 経済
・その事業は、地域の経済的安定性に影響をもっていないか？
・公共セクターの歳入・歳出は変化しないか？
・水の単位資本当たりの消費量は、どのように、どれくらい変わるか？
・生じる影響はポジティブかネガティブか？
5 誰が利益を得るか？
・誰が費用を負担するのか？
・法律に抵触するような事件の長期的な信頼性や、事業の効率にかかわる問題を考えて、財務措置は可能か？

5．敏感な環境地域

・その事業により、人の健康のリスクや、アクシデントのリスクが増大しないか？
・蚊やハエのような病原媒介生物をサイトに誘引し、リスクを増大させたり、病気を広げたりしないか？
・涵養施設（池・ポンプなど）は、子供やペット、その他に対して、安全措置をとっているか？
・もし考えられるとすれば、事業の災害防止の観点から、公衆は守られているか？
5 リスクを受けるかもしれない人たちが近づくのを思いとどまらせるような、適切な緩衝帯は用意できるか？
・どのような化学物質や化学的操作が用いられているか？
・リスクにおかされていないにせよ、危険な化学物質・ガス・放射などに公衆はさらされないか？
・交通は安全に保たれているか？
・現在リストアップされている（懸案中のリストでも）危機にある植物・動物種はこの事業の影響を受けないか、もしそうだとすればどのように？
10 どのような緩和措置が必要であるか？
・その事業は、いやな騒音・景観への影響・においなどを工事・操業中に発生させないか？
・その事業は、考古学的なサイト・構造物・所有地に影響しないか？
・建築学的な資産に影響を与えないか？
・習慣・慣習・信仰上のしきたりや活動に影響を与えないか？

6．重要課題の発見

・その事業はつぎのような可能性もっていないだろうか。環境の質を悪化させる、魚類や野生生物の住処を相当に損なう、魚類や野生生物の数を持続可能なレベルよりも低下させる、ある植物や動物を排除する脅威となる、希少もしくは絶滅危惧にある動植物の数や生育地を減少させる、カリフォルニアの歴史や先史時代の重要な事例を損なう？
・その事業は短期間に完成しても、環境目標に対して、長期間にわたる不利をもっていないか？（環境に対する短期的な影響は比較の短い、限定された期間や時に生じる一方、長期的な影響は将来にわたって持続する）
・その事業の影響は個別に限定されていても、蓄積して大きくならないか？（それぞれの源に対する影響の比較的小さいところが2つまたはそれ以上あると、それらの環境に対する影響の総量の効果が深刻になることがある）

- 間接的・直接的のどちらでも、人の健康における相当な悪影響が、事業の環境影響としてないか？

C．環境評価の議論
　（環境影響の口頭表現）
D．決定
　（主務官庁によって行われる）
　この最初の評価に基づく
　（3つの選択肢のひとつがチェックされなければならない）
- 行うことのできない計画事業が、重大な環境上の影響と拒絶宣言をもつということの表明を用意する場合。
- 計画事業が重大な環境上の影響をもつけれども、緩和措置を取り得るということを加えられる理由で、このケースが深刻な影響とならない場合。拒絶宣言を用意する。
- たぶんという計画事業が環境上の重大な影響をもち、環境影響報告を求められる場合。

付録E　単位の換算

標準単位		係数	英単位
長さ	km	0.6214	マイル
	m	1.0936	ヤード
	cm	0.0328	フィート
	mm	0.03937	インチ
面積	km²	0.3861	平方マイル
	ha	2.471	エーカー
	m²	10.764	平方フィート
	m²	1550.	平方インチ
	cm²	0.1550	平方インチ
体積	cm³	0.061	立方インチ
	m³	1.308	立方ヤード
	ℓ	61.02	立方インチ
	ℓ	0.001308	立方ヤード
	ℓ	0.2642	米ガロン
	ℓ	0.22	英ガロン
重量	t	0.984	長トン
	t	1.102	短トン（2000ポンド）
	kg	2.205	ポンド
	g	0.0353	オンス
その他	cm³	0.0338	流量オンス
	kg/cm³	14.225	ポンド／立方インチ
	CV	0.9863	馬力
	KW	1.341	馬力
	bar	14.5	ポンド／立方インチ
流量	ML/d	296	エーカー・フィート／年
	t/y	0.72	ガロン／日

温度　　℃ = 5/9（°F − 32）

索引

【ア行】

アースダム　Earthen dams　48
悪臭　Odors　131
アリゾナ州フェニックス・ソルトリバー計画　Salt River Project of Phenix, Arizona　116
池　Ponds　152（図10.5）
池タイプの涵養事業　Basin-type recharge projects　(47〈図2.3〉), 73
池の清掃　Basin cleaning　121
池の深さ　Ponds depth　73
維持管理, 保全　Maintenance　112（表9.1）, 114, 115（表10.1）, 119～123（表10.2, 10.3）
維持管理費用　Maintenace costs　85, 98
イスラエル　Israel　144
井戸位置　Well location　32
井戸涵養システム　Well recharge systems　19
井戸径　Well diameter　75
井戸深度　Well depth　75
井戸スクリーン　Well screens　75～76
井戸停止　Well shutdown　111～113（表9.1）
井戸データシート　Well data sheet　148（図10.1）
飲料水安全法　Safe Drinking Water Act　87
雨水　Storm water　93
雨水水質　Rain water quality　17
運転, 運営, 運用, 稼動　Operation　114
運転員の訓練　Operator training　114～115
運用停止, 一時的な　Shutdown, Temporary　143
エアロータリー掘削法　Air rotary drilling　102
疫学研究　Epidemiological studies　132
塩水　Saline water　38
塩素（処理）, 塩素添加　Chlorine　62, 123, 140
堰堤, 堤　Dikes　48, 134, 151（図10.4）
オーストラリア大さん井盆地　Great Artesian Basin, Australia　17
汚水槽からの浸出がある地区　Septic tank leach fields　23
汚染源　Contamination sources　32
温度　Temperature　138

【カ行】

海水浸入防止事業　Sea water intrusion barrier project　77
解体・搬出　Demobilization　107
概念設計　Conceptual plans　56, 67～69
化学成分　Chemical constituents　137
化学的処理　Chemical treatment　140
化学反応　Chemical reaction　128
化学物質の沈降　Chemical precipitation　125
化学物質添加装置　Chemical feed systems　111
拡孔　Reaming　104
河川　Stream　154（図10.7）
（河川）流量測定所　Stream gaging stations　117
河道外システム　Off-channel systems　20, 45
河道外施設　Off-stream facility　47（図2.3, 2.4）
河道内施設　In-channel facilities　19, 126
河道内人工涵養システム　In-stream artificial recharge systems　46（図2.2）
稼動費用, 運用費用　Operation costs　85, 98, 121
カリフォルニア州アラメダ郡水管轄区　Alameda County Water District, California　76, 116
カリフォルニア州サンタバーバラゴレッタ水管轄区　Goleta Water District, Santa Barbara, California　144
カリフォルニア州ロサンゼルス（市）　Los Angels, California　65
カリフォルニア州ロサンゼルス郡　Los Angels County, California　77, 143
カリフォルニア州ロサンゼルス郡洪水制御管轄区　Los Angels County Flood Control District, California　116
灌漑　Irrigation　131
環境影響評価　Environmental impact assessment　25, 88, 90, 91～93
環境基準　Environmental regulations　32
環境上の制約　Environmental restraints　36
環境調査　Environmental studies　82
環境への影響, 環境的な影響　Environmental effects　93, 133
環境報告書　Environmental report　84

189

環境要素　Environmental factors　44
乾式井戸　Vadose zone (dry) well　55, 144
乾式井戸の目詰まり　Vadose zone (dry) well clogging　129
涵養　Recharge　19
涵養井戸　Recharge wells　59〜61, 122, 126〜129
涵養後の処理　Postrecharge treatment　142
涵養水源　Recharge water sources　21〜22
涵養（注入）水頭　Recharge head　76
涵養目的　Recharge objectives　30
涵養誘発　Recharge inducement　19
涵養揚水併用井戸　Aquifer storage and recovery (ASR) wells　19, 20, 21（図1.1), 22（表1.1), 54〜55, (77)
涵養揚水併用井戸　Composite recharge-extraction (ASR) well　53（図2.7)
慣例上の制約　Institutional constrains　89
技術的解析　Engineering analysis　90
技術的費用　Engineering costs　97
技術報告書，工学的報告書　Engineering report　84, 90
規制　Regulations　44, 83
規制官庁　Regulatory agencies　98
基礎　Foundations　134
逆循環型ロータリー掘削法　Reverse circulation rotary　102
逆洗頻度　Backflushing frequencies　60（表2.1)
逆フィルター　Reverse filters　51
給水，供給する水　Water supply　59
凝集剤　Coagulants　139, 140
許可　Permits　98
許可申請費用　(Permit and) Leagal costs　98
記録の保持　Record keeping　108〜109, 115〜116
草—土壌フィルター　Grass-soil filter　141
掘削技術　Drilling techniques　101〜103
計画（既存のものに代わる）案　Alternative plans　68, 77, 82
計画段階　Planning phase　(25)
経済性　Economics　95
経済的配慮　Economic consideration　82
ケーシング　Casings　104, 123〜124
ケーブルツール掘削法　Cable tool　101
下水　Sewage water　62
下水涵養システム　Waste water recharge system　65（図2.10)

下水処理（施設からの）排（出）水　Waste water treatment effluent　23, 62
下水処理水　Reclaimed water　36
健康への影響　Health effects　131
建設　Construction　101
建設費用　Construction costs　97〜98
検層　Logging　104
懸濁物質　Suspended material　128
縣濁物質　Suspended sediment　137, (140), (145)
現地調査　Field studies (investigation)　71, 72
公共的合意　Public acceptance　29
公共の水道システム　Municipal water systems　28
公共への配慮，公共への周知　Public involvment　28〜29, 68
孔口ケーシング（コンダクターパイプ）　Surface casing　103
孔口装置　Well head facilities　106
考古学上の遺跡　Archeological artifacts　88
洪水　Flood water　93
洪水（流）　Flood flows　48
拘束空気，空気拘束　Air binding　129
公聴会　Public hearing　84, 86
高度な下水処理　Advanced waste water treatment　62
ゴム引布製起伏堰（ファブリックダム）　Fabric dams　49, 50（図2.5), 51, 134
コンピュータ・シミュレーション・モデル　Computer simulation modeling　77

【サ行】

再仕上げ，再生　Redevelopment　106, 142〜144
砕石　Riprap　134
サイト条件　Site conditions　66
再分水　Rediversion　153（図10.6)
財務分析　Financial analysis　85, 99〜100
殺菌　Disinfection　140
次亜塩素酸化物　Hypochlorite compounds　140
事業（の）寿命　Project life　85, 99
試験孔　Test holes　66
自然涵養　Natural recharge　19
自然条件以外のデータ　Nonphysical data　32〜33
湿／乾サイクル　Wet/dry cycle　119

実現可能性調査　Feasibility studies　73
実証された利用可能な最高の制御技術　Best available demonstrated control technology (BADCT)　63
湿地　Wetlands　94, 141
湿地の形成　Wetlands constructed　142
社会的問題　Social issues　91～93
遮水　Annular seal　105
砂利補給管　Gravel feed tube　106
宗教的な理由　Religious considerations　93
充填砂利　Gravel pack　(103), 105, 145
住民の理解　Public undaerstanding　29
出砂　Sand production　135
出砂の補正　Sand production correction　145～146
使用する水源，アクセス性　Potable water sources, accessibility　35
処理下水, 下水処理水　Reclaimed waste water　61, 128
人工涵養　Artifical recharge　19
人工涵養計画　Artificial recharge program　26（図2.1）
人的問題　Human issues　93
浸透システム　Infiltration systems　126, 141
浸透システムの用地　Infiltration systems sites　66
浸透速度　Infiltration rate　57, 58
浸透速度　Percolation rates　76
水位　Water level　112
水位（の）測定　Water level measurement　118
水源　Source waters　34
水源，長期的有効性　Water sources, long-term availability　35～36
水源の水処理　Water sources treatment　39
水質　Water quality　23, 34～35, 38～39, 72, 137～142
水質規制　Water quality regulations　28
水質サンプリング　Water quality sampling　104
水質試験　Water quality testing　147
水質（の）測定　Water quality measuerment　118
水質分析　Water quality analyses　32
水深　Water depth　130
水生腸内細菌　Waterborne enteric pathogen　18
水生微生物起源の病気　Waterborne microbial disease　18
水底堆積物　Bed load　137
水平井戸　Horizontal wells　23, 54
水理　Hydrology　74
水理学的検討　Hydrologic analysis　32
水理地質　Hydrogeology　40～43
水理特性　Hydraulic properties　41
水理パラメータ　Hydraulic parameters　72
水利権　Water rights　44, 83, 88
水路　Channels　154（図10.7）
水路型施設　Ditch type facility　47（図2.4）
数値モデル　Numerical models　78
スクリーン　Screen　104～105
スレーキング　Slaking　144
生態学的安定性　Ecological stability　93
生物学的環境　Biological environment　93
生物の生育　Biological growth　125, 126～128
設計費用　Planning costs　96～97
1969年の環境政策法　National Environmental Policy Act of 1969　90
1972年の浄水法　Clean Water Act of 1972　87
全溶存物質（全蒸発残留物）　Total dissolved solids　17
操作上のデータ　Operational data　116
装置データシート　Equipment data sheet　149（図10.2）
藻類の生育速度　Algae growth rate　120

【タ行】

帯水層　Aquifer　16～17
帯水層の貯留能力　Aquifer storage potential　37
多点式涵養井戸　Multiple point recharge well　53（図2.7）
ダム基礎　Dam foundations　51, 134
段階揚水試験　Step draw down test　106
単孔式涵養井戸　Single recharge wells　52（図2.6）
炭酸カルシウム　Calcium carbonate　128
断層亀裂　Fault fractures　38
地下施設, 設計基準　Subsurface facilities, design criteria　74～77
地下条件　Subsurface conditions　66
地下浸透　Subsurface recharge　51～54
地下水　Ground water　16
地下水位　Ground water level　38

地下水管理の考え方　Ground water management concepts　16
地下水源の評価　Ground water resources evaluation　36
地下水質（の調査）　Geochemical studies　43～44
地下水の水質　Ground water quality　17
地下水のマウンド（地下水堆）　Ground water mounding　133, 146
地下水面　Water table　32, 130
地下水流動モデル　Ground water flow model　44, 78, 79（図4.1）
地下探査　Subsurface exploration　71
地下注入制御　Underground injection control　87
地下での滞留時間　Underground detention time　17
地下の地層　Underground formation　23
地質　Geology　74
地点選定　Site selection　39
地表涵養施設　Surface recharge facilities　45, 119～122, 124
地表条件　Surface conditions　66
地表浸透　Surface infiltration　19, 57
地表浸透施設　Surface infiltration systems　45
地表浸透の運用期間　Surface infiltration duration　146
地表探査　Surface exploration　71
地表物理探査（法）　Surface geophysical methods　42
注入圧　Injection pressure　136
沈殿　Sedimentation　140
堤　Levee　74
定期的な見直しの計画　Periodic review schedule　86
泥水循環型ロータリー掘削（業者）　Mud rotary drillers　103
泥水循環型ロータリー掘削法（従来型）　Conventional mud rotary　102
定水頭運用　Constant head operation　119
データの収集　Data collection　31～33, 83
データのまとめ　Data organization　33
テストデータ　Test data　110（図9.1）
電気系統　Electrical systems　111
トゥジュンガ涵養散水地　Tujunga spreading grounds　155（図10.8）

透水係数（水理伝導率）　Hydraulic conductivity　42, 57
透水量係数　Transmissivity　72
土堰堤　Earth dikes　46
土壌条件，望ましくない　Soil conditions, Unfavorable　130
土壌条件，ローカルな　Soil conditions, local　63
土壌帯水層浄化（処理）（SAT）　Soil-aquifer treatment (SAT)　19, 23, 58, 61～65, 141
土地取得費用　Land acquisition costs　96
土地調査　Land surveys　72
土地利用　Land use　93
取り替え費用　Replacement costs　99
トリハロメタン　Trihalomethane　17

【ナ行】
濁り（濁度）　Turbidity　137
日報　Dairy reports　111, 150（図10.3）, 151（図10.4）, 152（図10.5）, 153（図10.6）, 154（図10.7）
農業用システム　Agricultural system　28

【ハ行】
パーカッション式掘削法　Percussion drilling　101
バイパス管の制御ゲート　Bypass pipe control gate　48, 51
パイロット孔の掘削　Pilot hole drilling　103
破壊活動　Vandalism　134, 135, 137
バルブ類　Valves　109
被圧帯水層　Confined aquifer　16～17, 51, 53（図2.7）, 54
被圧帯水層での涵養の圧力　Confined aquifer recharge pressures　38
比産水率　Specific yield　41, 72, 106
ピット　Pits　152
人々の認識　Public perception　16, 91
費用　Costs　95～99
評価を要するデータ　Data needs assessment　83
病原菌　Enteroviruses　63
病原媒介生物　Vectors　131
不圧帯水層　Unconfined aquifers　16～17, 51
フィルターパック　Filter pack　75～76
複式涵養井戸　Dual recharge wells　52（図2.6）
複数の池をもつシステム　Multiple basin systems　74

腐食防止　Corrosion protection　123
付随涵養　Incidental recharge　19
付帯施設　Appurtenances　56
物理検層　Geophysical logs　104
フラッシュボードダム　Flashboard dams　51,
　134
分水　Diversion　153（図10.6）
閉鎖、永久的　Closure, permanent　146
閉鎖／撤去費用　Decommissioning costs　99
報告（書）　Report　84, 85, 86, 90, 107
法制上の制約　Legal restraints　36
法制上の要件　Regulatory requirements　67
法律　Laws　44, 83
法律上の問題　Leagal issues　89
補足的構成要素　Ancillary items　109
ポンプ始動　Pump startup　110（図9.1）

【マ行】

前処理　Pretreatment　139
水需要（量）　Water supply needs　28
水処理　Water reclamation　64（図2.9）
水処理，水質処理　Water treatment　23〜24, 39
水破砕作用　Hydro-fracturing　136
目詰まり　Clogging　124〜129
目詰まり層、除去　Clogging layer, removal
　142

目詰まりの主な原因　Clogging principal causes
　126
目詰まり物質　Clogging material　120
モデルの校正　Model calibration　80

【ヤ行】

有機化学物質　Organic chemicals　131
揚水　Pumping　60（図2.8）
揚水（井戸からの）　Pumped well　17
揚水機の潤滑　Pump shaft lubrication　111
揚水試験　Pumping tests　106, 108
溶存有機物　Organic solids　125
予備事業　Pilot project　81
予備モデル化　Preliminary modeling　44

【ラ行】

ラバーダム（ゴム引布製起伏堰）　Rubber dams
　151
粒径　Particle size　138（表）
流量計　Flow meters　109
流量測定　Flow measurements　32,（75）, 117
リング式浸透計　Ring infiltrometers　71
臨時支出　Contingency costs　98
連続揚水試験　Constant flow test　106
漏水　Leakage　51, 134

著者紹介
アメリカ土木学会（American Society of Civil Engineers: ASCE）
1852年に設立され、すでに150年をこす歴史を有す。会員は国の内外をあわせて約13万8000人。本部は、Reston, VA 20191-4400にある。
原著は本学会内に組織されている環境・水資源研究部会（水文科学などを専門とする約2万人の会員から成る）から出版されたものである。
http://www.asce.org/

訳者略歴（2005年現在）
肥田　登（ひだ　のぼる）
1941年生まれ　長野県出身
東京教育大学大学院理学研究科修士課程終了
現在、秋田大学教育文化学部教授、理学博士
ドイツ・フンボルト財団研究員、日本水文科学会会長（各歴任）
主著：『扇状地の地下水管理』（古今書院）、『秋田の水―資源と環境を考える』（編著、無明舎出版）、『湧水とくらし―秋田からの報告』（吉﨑光哉と共著、同）など

水谷宣明（みずたに　のぶあき）
1947年生まれ　静岡県出身
東京教育大学大学院理学研究科修士課程地理学修了
㈱日さくにおいて技術研究所長、調査部長などを歴任
現在、サラフジ㈱、技術士（応用理学）
共著：『世界をリードするヨーロッパの地下水保全、地下水問題とその解決法―ヨーロッパに見る汚染対策』（環境新聞社）

荒井　正（あらい　ただし）
1954年生まれ　長野県出身
信州大学大学院理学研究科地質学専攻修了
現在、㈱日さく地盤環境事業部長、技術士（応用理学・総合技術監理）

地下水人工涵養の標準ガイドライン

2005年5月31日　初版発行

著者————————アメリカ土木学会
訳者————————肥田登＋水谷宣明＋荒井正
発行者———————土井二郎
発行所———————築地書館株式会社
　　　　　　　東京都中央区築地7-4-4-201　〒104-0045
　　　　　　　TEL 03-3542-3731　FAX 03-3541-5799
　　　　　　　http://www.tsukiji-shokan.co.jp/
　　　　　　　振替00110-5-19057
印刷・製本—————株式会社シナノ

Ⓒ 2005　Printed in Japan　ISBN4-8067-1307-4 C0051
本書の全部または一部を無断で複写複製(コピー)することを禁じます。

地下水・水道水の本

《価格・刷数は2005年5月現在》

緑のダム
森林・河川・水循環・防災
蔵治光一郎＋保屋野初子［編］　2600円＋税

台風のあいつぐ来襲で、ますます注目される森林の保水力。これまで情緒的に語られてきた「緑のダム」について、第一線の研究者、ジャーナリスト、行政担当者、住民たちが、さまざまな角度から論じた本。

農を守って水を守る
新しい地下水の社会学
柴崎達雄［編著］　1800円＋税

「水の都」熊本は生活用水のすべてを地下水によっている。浄水施設いらずの格安でおいしい水はどこから来るのか？　そのメカニズムを水文学、地下水学、歴史、社会経済学など多方面から解き明かす。

生でおいしい水道水
ナチュラルフィルターによる緩速ろ過技術
中本信忠［著］　●3刷　2000円＋税

水道水がおいしくない本当の理由は、水道原水の汚染ではなく、水処理の方法に問題があったからだ。ろ過技術研究の第一人者が書き下ろした、安くおいしく安全な「水道水」復活の技術。

よみがえれ生命の水
地下水をめぐる住民運動25年の記録
福井県大野の水を考える会［編著］　1900円＋税

水質調査をはじめ継続的で着実な調査。リーダーを議会に送り込み、行政を効果的に動かす科学的な調査にもとづく力量……住民運動のモデルケースとして全国的に注目を集める活動リポート。

詳しい内容はホームページで http://www.tsukiji-shokan.co.jp/

開発・環境の本

《価格・刷数は2005年5月現在》

砂漠のキャデラック
アメリカの水資源開発
マーク・ライスナー[著]　片岡夏実[訳]　6000円＋税

「『沈黙の春』以来、もっとも影響力のある環境問題の本」(サンフランシスコ・エグザミナー)など、各紙誌で絶賛されたベストセラー。アメリカの公共事業の100年におよぶ構造的問題を暴き、政策を大転換させた本。

開発プロジェクトの評価
公共事業の経済・社会分析手法
松野正＋矢口哲雄[著]　2400円＋税

要る公共事業、要らない公共事業を選別する。政府、自治体の行財政改革に求められる、国内外の公共事業の評価。その手法を理論・実践の両面からズバリ解説する。豊かな実務経験に基づいて書かれた待望の書。

公共事業と環境の価値
CVMガイドブック
栗山浩一[著]　●4刷　2300円＋税

環境の経済評価の一手法としてアメリカで開発された「CVM」。この手法を、公共事業など日本独自の問題を視野に入れて、より客観的な評価ができるようにわかりやすく解説したガイドブック。

生態工学の基礎
生きた建築材料を使う土木工事
シヒテル[著]　伊藤直美＋マテー[訳]　佐々木寧[監修]　4800円＋税

生態工学を活用した河川改修工法や石材等の無機素材を用いた保全工事を紹介。実際の現場でどの植物を使い、どの工法を採用したらよいかがわかる。より効果的で安価で美しい、環境に適した工事のために。

メールマガジン「築地書館Book News」申込はhttp://www.tsukiji-shokan.co.jp/で

環境の本

《価格・刷数は2005年5月現在》

環境税
税財政改革と持続可能な福祉社会
足立治郎[著]　2400円＋税

税財政改革のなかで注目される環境税・炭素税・温暖化対策税。税金の集め方と使い方のしくみを、NGO(市民)が提案し、実施を監視する。公正で効果的な税制度のあり方を検討し、実現のための道筋を示した書。

自然エネルギー市場
新しいエネルギー社会のすがた
飯田哲也[編]　2800円＋税

風力、太陽光、バイオマスなどの再生可能な自然エネルギーが、石油に代わり、世界の産業界を変えつつある！　今後、日本でも「本流化」していく自然エネルギーの全貌と最前線がわかる。

疾れ！　電気自動車
電気自動車EV vs 燃料電池車FCV
船瀬俊介[著]　2000円＋税

家庭用コンセントでチャージOK。時速370キロ、高速充電15分でスタート！　排ガス、爆騒音……ゼロ。EV化でCO_2、25％削減可能。温暖化の破局を救う、脱石油、エネルギー革命のキリフダ、登場！

自然再生事業
生物多様性の回復をめざして
鷲谷いづみ＋草刈秀紀［編］　◉2刷　2800円＋税

失われた自然を取り戻すために「自然再生」とはどのようにあるべきか。日本の保全生態学とNGOが模索してきた事例や歴史とともに、第一線の研究者、フィールドワーカー、行政担当者がそれぞれの現場から詳述する。

総合図書目録進呈いたします。ご請求はTEL 03-3542-3731　FAX 03-3541-5799まで。

河川の本

《価格・刷数は2005年5月現在》

川とヨーロッパ
河川再自然化という思想
保屋野初子［著］　2400円＋税

ヨーロッパはなぜ、堤防を崩して、広大な氾濫原を復活させているのか？　新しい治水思想の広がりの背景を、景観保全運動、水資源管理政策の変遷からEUの河川管理法制にまでおよぶ取材で明らかにする。

沈黙の川
ダムと人権・環境問題
パトリック・マッカリー［著］鷲見一夫［訳］　4800円＋税

世界各地の河川開発の歴史と現状を、長年にわたるフィールド調査と膨大な資料からまとめ上げた大著。川を制御する土木工学的アプローチの限界を、生態学的・政治的視座から描き出す。

流域一貫
森と川と人のつながりを求めて
中村太士［著］　2400円＋税

北アメリカ、中国、釧路湿原など、先進事例、調査事例を紹介しながら、森林、河川、農地、宅地と分断されてしまった河川流域管理を繋ぎ直すための総合的な土地利用のあり方を提言。

エコシステムマネジメント
柿澤宏昭［著］　2800円＋税

経済・社会開発と生態系保全を両立させる新手法を日本で初めて本格的に紹介。アメリカでの行政・企業・市民・専門家の協働による実践事例をもとに、そのプラス面・マイナス面を冷静に評価・分析する。

詳しい内容はホームページで http://www.tsukiji-shokan.co.jp/

森林の本

《価格・刷数は2005年5月現在》

森なしには生きられない
ヨーロッパ・自然美とエコロジーの文化史

ヨースト・ヘルマント［編著］　山縣光晶［訳］　●2刷　2500円＋税

ヨーロッパの森林や田園、山村のたたずまいの美しさを造りだしてきた、200年におよぶヨーロッパの里山保全運動や、アルプスの観光地化と自然・景観保護の歴史、ワンダーフォーゲル運動の自然観を解説。

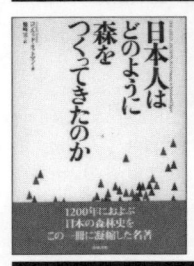

日本人はどのように森をつくってきたのか

コンラッド・タットマン［著］　熊崎実［訳］　●3刷　2900円＋税

強い人口圧力と膨大な木材需要にも関わらず、日本に豊かな森林が残ったのはなぜか。日本人と森との1200年におよぶ関係を明らかにした名著。

森と人間の歴史

ジャック・ウェストビー［著］　熊崎実［訳］　●6刷　2900円＋税

環境問題の常識と解決策を根本から覆し、新たなる視座をあたえる名著。人間社会は森林とどのように関わってきたのか。有史以前から現代まで、世界の文明史、経済史を「森林」というキーワードによって鮮やかに再構成する。

森が語るドイツの歴史

カール・ハーゼル［著］　山縣光晶［訳］　●3刷　4100円＋税

氷河期から現代まで、中部ヨーロッパにおける人間社会と森林との関わりの歴史を、壮大なスケールで描く。高尚な思想や政治・経済だけでなく、傲慢な貴族やワイロ好きの役人、庶民の暮らしが織りなす生き生きとしたドラマとして語った名著。

メールマガジン「築地書館Book News」申込はhttp://www.tsukiji-shokan.co.jp/で